제 3 판

Verilog-HDL과 Xilinx Vivado(18.1) 및 FSK III를 활용한

FPGA 설계기초

이 제 현 저

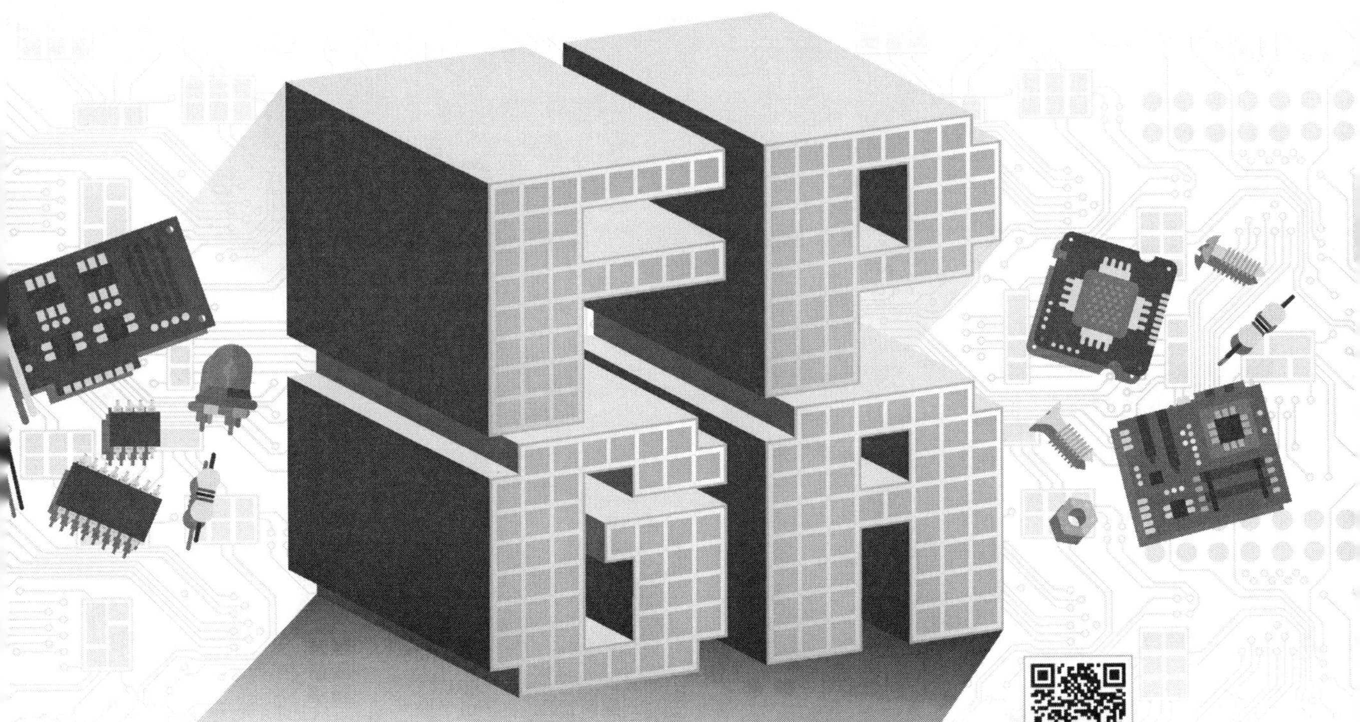

B.C.Info

머리말

오늘날의 세계는 '디지털'의 세계라 불릴 만큼, 우리 생활 전반에 걸쳐 디지털 방식으로 처리되는 기기들이 거의 대부분이다. 디지털 통신 기기, 디지털 가전, 컴퓨터, 전자 제어 방식의 자동차 등 그 예를 들자면 한이 없을 것이다.

따라서 이제 디지털 개념을 이해하는 것은 거의 필수적이며, 어느 정도 규모의 디지털 회로는 직접 설계할 수 있는 능력을 갖추는 것이 기술자의 기본이 되었다 해도 과언이 아닐 것이다.

예전의 디지털 회로는 게이트들의 조합으로 이루어진 회로도 방식으로 설계하는 방식이 주류를 이루었다. 그러나 요즈음에는 이러한 회로도 방식보다는 VHDL이나 Verilog-HDL 같은 하드웨어 기술 언어로써 회로를 설계하는 것이 더 일반화되어 있는 추세이다.

따라서 본 교재에서는 최근에 기업에서 그 사용 비중이 더 커지고 있는 Verilog-HDL에 의한 방식으로 디지털 회로를 설계하는 과정에 대해 설명하고 교육하고자 하였다.

본 교재에서 실습 시 사용하는 툴은 FPGA 공급 회사 중의 하나인 미국 Xilinx사에서 제공하는 무상 설계 소프트웨어인 Vivado 최신 버전 2018.1을 사용하였다.

또한 설계한 회로의 이상 여부를 Xilinx FPGA를 탑재한 교육용 트레이닝 키트인 FSK III에서 구현시켜 동작시켜 봄으로써 확인하도록 하였다.

교재의 구성은 1부. 개요 / 2부. 디지털 조합회로 설계 / 3부. 디지털 순차회로 설계 / 4부. 응용회로 설계의 총 4부로 나누어 서술하였으며, 맨 뒤에는 소프트웨어 설치 과정 등 관련되는 내용들을 정리하여 부록으로 덧붙였다.

1부에서는 FPGA, Vivado, FSK III, Verilog-HDL에 대한 개요를 설명하였고, 2부에서는 기본 게이트 및 가산기, MUX 등 여러 조합 논리 함수에 대해 설계해 보았다.

3부에서는 플립플롭 및 그 응용회로인 카운터, 쉬프트 레지스터 등에 대해 설계하는 과정을 보였다.

4부에서는 여러 응용 회로들을 설계하여 보는 과정을 실었다. 7 세그먼트 LED, Text LCD, 부저 및 LCD Monitor 등을 활용하는 설계 및 실습 과정에 대해 설명하였다.

부록 A에는 설계 소프트웨어인 Vivado를 설치하는 법에 대해 정리하였고, 부록 B에는 FSK III에서 사용되는 주요 핀 정보를 보였다.

아무쪼록 본 교재를 통하여 보다 많은 사람들이, FPGA를 시작하는 디지털 회로 설계자들이 어렵지 않게 요구되는 기법들을 체계적으로 익히고 실습해 보았으면 한다. 그리하여 혼자 힘으로 완벽히 동작하는 디지털 회로를 설계한 후에 느낄 수 있는 뿌듯함과 기쁨의 기회를 갖게 되기를 바란다.

차 례

01 개요

1장 ASIC과 FPLD, FPGA 개요

1.1 ASIC

주문형 집적회로라고도 불리는 ASIC(Application Specific IC : 특정용도용 IC)는 사용자가 원하는 시스템이 하나의 칩으로 설계되고 제작되는 IC를 말한다.

좁은 의미의 ASIC은 특정 사용자의 주문에 의해 개발된 ASCP(Application Specific Custom Product)를 말하며, 넓은 의미의 ASIC는 이 ASCP가 표준화가 되어 주문자 이외의 사용자들에게도 공급하게 되는 ASSP(Application Specific Standard Product)까지 포함한다. 통상적으로는 좁은 의미의 ASIC를 ASIC이라고 한다.

그림 1.1에 ASIC의 분류를 나타내었다.

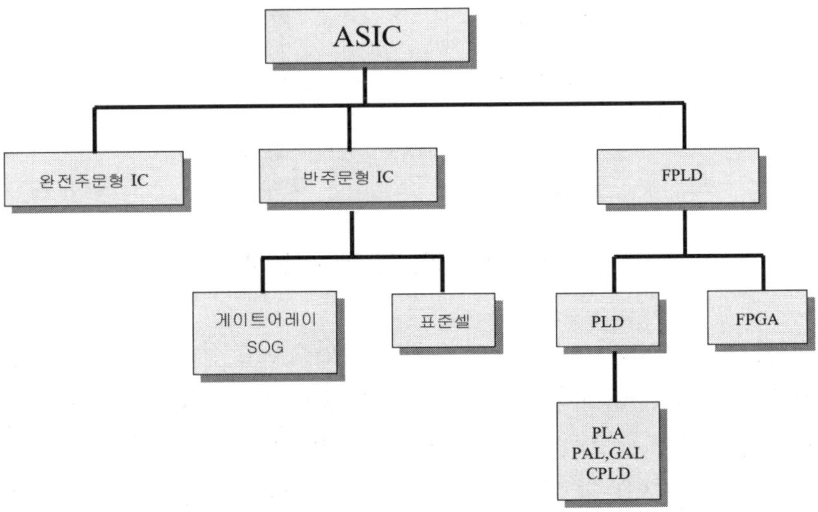

그림 1.1 ASIC의 분류

◆ **완전주문형 IC**

완전주문형 방식은 세부적인 레이아웃 패턴을 설계자가 직접 설계하는 방식으로, 설계자동화의 비중이 반주문형 방식에서보다 작다.

이 방법은 가장 작은 면적의 집적회로를 설계하는 것이 가능하나, 설계시간이 가장 길고 개발비용(NRE: Non Recurring Engineering 비용)이 여러 설계 방식 중 가장 높다.

◆ **반주문형 IC**

반주문형 방식은 주문자의 요구에 따른 IC를 설계할 때, 미리 설계되어 있던 것들을 활용하는 방식으로 크게 표준 셀(standard cell) 방식과 게이트 어레이(gate array) 방식의 2가지가 있다.

표준 셀 방식에서는 셀 라이브러리(library)라는 것을 활용하는데, 이는 미리 설계해 둔 여러 소자들의 데이터(특히 레이아웃 데이터)를 모아놓은 일종의 데이터베이스라고 할 수 있다.

셀 라이브러리에서 제공하는 기능 모듈 단위들을 가지고 동작 수준 설계나 게이트 수준 설계 등 전반부 설계가 이루어진다. 후반부 설계 과정 역시 라이브러리의 각 소자에 대한 레이아웃 데이터를 활용하여 자동 배치(placement) 및 배선(routing)을 통하여 이루어진다.

표준 셀이란 명칭은 그림 1, 2에서 보는 것처럼 셀 라이브러리를 구성하는 각 소자의 레이아웃 형태가 모두 같은 높이를 갖도록 설계된 데서 붙여졌다.

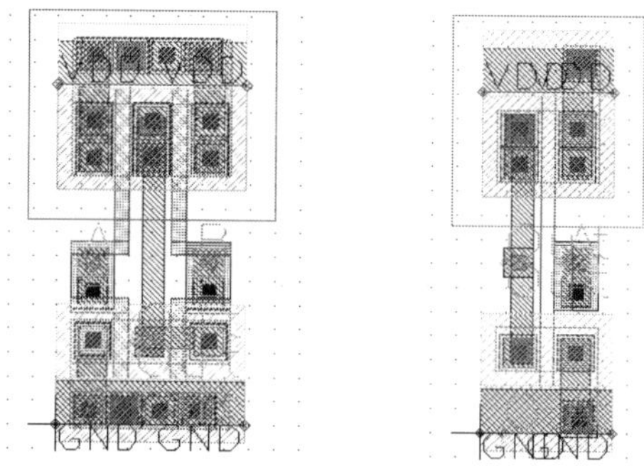

그림 1.2 표준 셀 레이아웃 예

모든 디지털 회로는 NAND나 NOR 게이트 한 종류만으로도 설계가 가능하다는 것을 응용한 것이 게이트 어레이 방식이다. 게이트 어레이 방식에서는 NAND, NOR 등과 같은 기본 게이트를 규칙적으로 배열한 어레이 구조를 배선 공정 이전까지 미리 진행시켜 둔다. 그 다음 요청된 설계 사양에 따라 기본 게이트들 간의 배선 패턴을 설계한 다음, 배선 공정을 마저 수행하여 집적 회로를 완성해 낸다.

게이트 어레이 설계방식은 그림 1.3과 같은 배선 전 공정까지 마친 마스터(master) 어레이에 대하여 부가적으로 배선 공정만을 더 거쳐서 집적 회로가 구현되기 때문에 전체 제작 기간이 표준 셀 방식보다 짧은 장점을 갖는다. 그러나 고정된 마스터 어레이에 대한 배선 설계는 IC의 상당 부분을 사용하지 못하여 실리콘의 면적 활용률이 매우 작아지는 단점이 있다.

그림 1.3 게이트 어레이의 마스터 어레이

게이트 어레이 방식은 오늘날 그 명칭이 SOG(Sea-of-Gates)라는 것으로 바뀌어 사용되고 있다. 기본적인 개념은 같은데, 집적 회로의 집적도가 매우 높아짐에 따라 명칭이 변천된 것으로 보인다.

완전주문형 방식과 표준 셀 방식, SOG 방식을 집을 짓는 것에 비유하여 설명하면 표 1.1과 같이 정리해 볼 수 있다.

표 1.1 완전주문형, 표준 셀, SOG방식의 집 건축에의 비유

	설계	건축
완전주문형	모든 부분을 직접 설계.	미리 지어진 건축물 없음.
표준 셀	미리 설계되어 있는 것들 중에서 필요한 부분을 복사해 와서 조합하는 방식으로 전체 집을 설계해 가는 방식.	미리 지어진 건축물 없음.
SOG	집의 주요 구조가 미리 설계되어 있고, 사용자가 원하는 대로 나머지 설계만 마무리하면 됨.	미리 설계된 구조에 따라, 미리 어느 정도 건축이 되어 있는 상태에서 추가 건축함.

위의 비유를 잘 이해하면 시간과 비용 측면에서 각 방식을 비교하는 것이 이해하기 쉬울 것이다.

1.2 FPLD와 FPGA

FPLD란 Field Programmable Logic Device의 약어로 사용자가 현장에서 직접 본인이 원하는 논리 기능을 하게 만들 수 있는 모든 종류의 소자를 말한다. 때로 그냥 Field 용어 빼고 PLD라고 부르기도 한다. 그러면 그림 1.1에서 보듯이 FPLD를 PLD와 FPGA로 분류하였는데, PLD라는 용어가 그 정의가 혼동되어 사용되는 것이 현실이다. 따라서 어떤 것을 뜻하는지는 상황에 따라 달라질 수 있으니 잘 파악하여야 한다.

◆ **PLD**

분류 그림에서 보는 것처럼 PROM, PLA, PAL, GAL, CPLD 등이 이 부류의 소자들이다. 모든 논리 함수는 곱항(Product항, AND항)의 합(SUM, OR)으로 구현될 수 있다는 것이 이 소자들의 기본 개념이다. 즉, $f = AB + \overline{A}\,B$, $g = AB + \overline{A}\,\overline{B}$ 와 같은 형태이다. 여기서 f를 구현하려면 AB라는 곱항과 $\overline{A}\,B$라는 곱항(AND)을 만든 다음, 이 둘을 합(OR)하면 되고, g를 구현하려면 AB라는 곱항과 $\overline{A}\,\overline{B}$ 라는 곱항(AND)을 만든 다음, 이 둘을 합(OR)하면 된다.

따라서 이제 논리 구현에 필요한 곱항을 자유롭게 만들 수 있는 프로그래머블(programmable) AND 어레이가 필요하며, 만들어진 곱항들 중에서 필요한 것들만 선택하게 만들 수 있는 프로그래머블 OR 어레이가 필요하다. 프로그램 하는 방식에는 여러 가지가 있는데, 퓨즈(fuse)나 안티퓨즈(anti-fuse) 방식, 또 메모리 이용 방식 등이 있다. 보통 기본적인 원리는 원하는 곳에 연결을 형성시키느냐 형성시키지 않느냐를 제어하는 것이다.

아래 그림 1.4에 프로그래머블 AND 어레이를 표현해 보였다. 여기서 프로그램으로 생성되는 곱항은 위 설명에서 예를 든 f, g 함수를 구현하기 위한 AB, $\overline{A}\,B$, $\overline{A}\,\overline{B}$ 들이다.

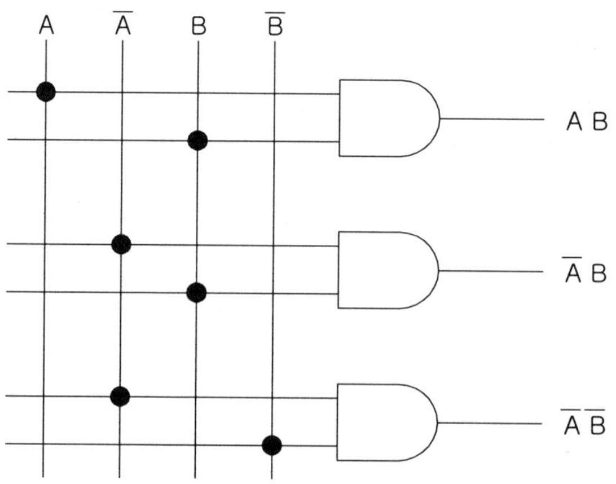

그림 1.4 프로그래머블 AND 어레이

아래 그림 1.5에는 프로그래머블 OR 어레이를 표현해 보였다. 여기서는 프로그램에 의해 위에서 생성된 곱항 중에서 f, g함수에 나오는 곱항들을 선택하고 있음을 볼 수 있다. 즉, f를 위해서는 AB, $\overline{A}\ B$ 를 선택하고, g를 위해서는 AB, $\overline{A}\ \overline{B}$ 를 선택하고 있다.

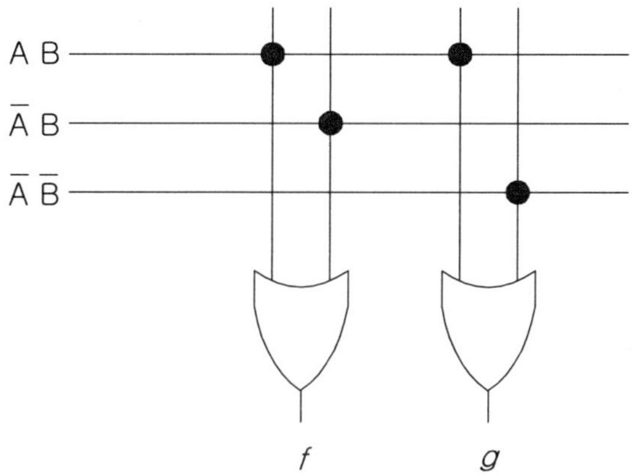

그림 1.5 프로그래머블 OR 어레이

위에서 설명한 원리를 바탕으로 PROM, PLA, PAL, GAL 등을 구별할 수 있다.

PROM(Programmable Read Only Memory)는 고정된 AND 어레이와 프로그래머블 OR 어레이 구조를 가진다. 즉, AND 어레이가 프로그램 할 수 없고 입력 변수와 그의 보수로 이루어 질 수 있는 모든 곱항이 만들어진다.

PLA(Programmable Logic Array)는 AND 어레이와 OR 어레이 모두를 프로그램 할 수 있는 구조를 갖는다.

이와 반면 PAL(Programmable Array Logic)이나 GAL(Generic Array Logic)은 OR 어레이가 고정되어 있으며, AND 어레이만을 프로그램 할 수 있다는 점이다. GAL과 PAL은 거의 유사하나, 프로그램 방식에서 GAL은 메모리 방식이어서 여러 번 사용할 수 있는 데 반해, PAL은 퓨즈 방식이라서 한번밖에 프로그램 할 수 없다는 점이 다르다. 이와 같은 차이점을 표 1.2에 정리하여 보여 준다.

CPLD는 그 이름에서 뜻하는 것처럼, 그 안에 다수의 SPLD 블록을 포함하고 있는 소자이다. 앞 절에서 설명한 것처럼 SPLD는 기본적으로 AND, OR 어레이를 갖고 있는 구조이다.

설계자가 원하는 논리는 각 SPLD 내부와 또 이런 여러 개의 SPLD들 간의 연결을 프로그램하여 실현할 수 있다.

표 1.2 PROM, PLA, PAL, GAL의 비교표

	AND 어레이	OR 어레이	프로그램 방식
PROM	고정	프로그램	퓨즈
PLA	프로그램	프로그램	퓨즈
PAL	프로그램	고정	퓨즈
GAL	프로그램	고정	메모리

보통 CPLD에서 프로그램 정보는 내부의 EPROM이나 E2PROM으로 저장하고 있게 된다. 따라서 CPLD는 한번 프로그램하면 그 내용을 지우기 전까지는 계속 같은 기능을 할 수 있는 소자이다.

◆ **FPGA(Field Programmable Gate Array)**

이 종류의 소자는 Gate Array 라는 반주문형 집적회로를 응용한 것이다. Gate Array라는 것은 NAND나 NOR 같은 게이트를 미리 어레이식으로 만들어 놓은 다음, 설계자의 함수가 구현되도록 게이트들 간의 연결을 프로그램 하여 제작하는 집적회로라는 것은 앞에서 설명한 바 있다. 여기서 프로그램은 반도체 제조 회사 내에서 마스크(Mask)라는 것을 통해 이루어진다. 그래서 때로 Gate Array를 MPGA(Mask Programmable Gate Array)라고 불리기도 한다. 이러한 MPGA의 원리를 활용하되, 현장에서 직접 프로그램 할 수 있도록 만든 것이 FPGA인 것이다.

FPGA에서는 MPGA에서의 게이트들 대신에 보통 LC(Logic Cells)라는 것이 사용된다. 아래 그림 1.6에 FPGA의 개략적인 구조를 보였다.

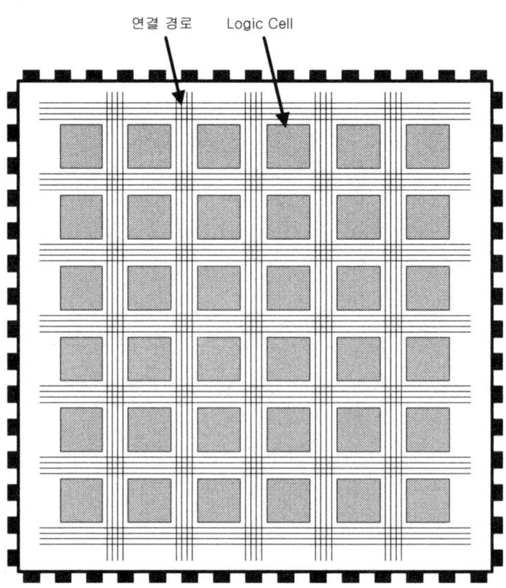

그림 1.6 FPGA의 구조

FPGA에서 이러한 LC간의 연결을 프로그램 하는 방법으로는 보통 SRAM 방식과 안티퓨즈 방식이 쓰인다.

SRAM 방식은 프로그램 정보를 소자내의 SRAM에 저장해 두는 방식으로서 여러 번 사용할 수 있고, 전원이 켜져 있는 한 계속 같은 기능을 할 수 있다. 이에 반해 안티 퓨즈방식은 고전압을 사용하여 필요한 곳을 연결시킬 수 있도록 하는 방식으로 한번밖에 사용할 수 없는 단점이 있으나, 보통 SRAM 방식소자보다 동작속도가 빠른 편이다.

이제까지 설명한 여러 방식의 ASIC 소자들을 비교하여 정리한 것을 표 1.3에 보였다. FPLD와 다른 3가지 방식의 근본적인 차이점은 FPLD는 사용자가 사용할 때 이미 칩 형태로 제공되어 있고, 나머지는 설계 이후 반도체회사에서 제조된 후에 확보할 수 있다는 점이다.

표 1.3 여러 ASIC 설계 방식에 대한 비교

	FPLD	게이트 어레이	표준 셀	완전 주문형
집적도 순위	- (여러 종류)	3	2	1
설계 기간 순위	1	2	3	4
프로토타입 개발 기간 순위	1	2	3	4
NRE 비용 순위	- (없음)	3	2	1
칩 단가 순위	1	2	3	4
설계이전의 공정 진도(%)	100	70~90	0	0

이제 다음 장부터는 이 FPGA를 활용하여, 설계자가 원하는 논리를 구현하는 과정에 대해 설명하고자 한다.

2장 설계 SW-Vivado

본 장에서는 디지털 회로를 설계할 수 있는 SW 중의 하나인 미국 Xilinx사가 자사의 FPGA 사용자들을 위해 배포하는 설계 SW인 'Vivado(Webpack 버전)'의 사용법에 대해 설명하고자 한다.

물론 Xilinx사의 SW는 여러 종류가 있어, 구매를 하여 사용해야 하는 고기능의 SW도 있지만, 본 장에서 사용할 SW는 대학에서의 교육 목적으로 사용이 제한되어 있는 교육용 버전으로 교육 목적이나 소규모 회로 설계용으로 사용하는 데는 전혀 지장이 없다. 본 책의 뒷부분의 부록 A에 Vivado를 설치하는 과정을 가능한 세세하게 수록하였다. 프로그램 설치를 원하는 사람은 설명하는 과정에 따라 각자의 컴퓨터에 설치할 수 있을 것이다.

디지털 회로를 설계하는 방식으로는 크게 회로도(schematic)을 그려 설계하는 방식과 HDL (Hardware Description Language : 하드웨어 기술 언어) 언어를 사용하여 설계하는 방식, 이렇게 두 가지로 나눌 수 있다. HDL이 사용되기 전에는 회로도 방식이 주된 설계 수단이었지만, 최근의 추세는 언어를 사용하는 경향이 점점 더 대세를 이루어 가고 있다고 할 수 있다. 본 저서에서도 HDL의 한 종류인 Verilog라는 언어를 사용하여 설계하는 방식에 대해 설명한다.

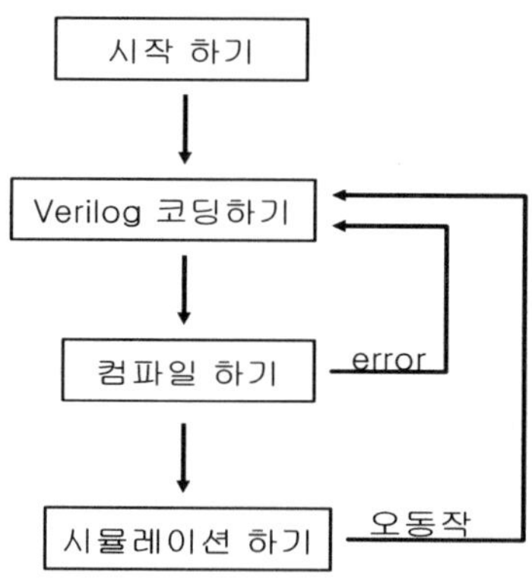

그림 2.1 Verilog 방식 설계 흐름

Verilog를 사용하여 설계하는 방식의 전체적인 설계 흐름도를 그림 2.1에 나타내었다. Verilog를 이용한 설계에 대해서는 4장에서 다시 다루기로 한다. 그러나 Verilog에 대한 자세한 명령어나 문법 등에 대하여는 이 책에서는 장황하게 설명하지 않고 있으니 필요한 사람은 다른 Verilog에 관한 문헌들을 참고하기 바란다. 실제 현장에서 설계자들이 설계한 Verilog 구문을 보면 그리 다양한 명령어들이 사용되고 있지는 않다. 따라서 본 교재에서는 실제 설계를 할 때 사용하는데 지장이 없을 정도의 명령어들 위주로 사용하였음을 밝혀둔다.

지금부터 Xilinx Vivado Design Suite를 사용하여 Verilog 설계를 하는 과정을 자세하게 설명하고자 한다. 실습자는 다음 과정을 차례대로 따라하면 그 기본 과정을 습득할 수 있으리라 본다.

2.1 시작하기

Vivado를 시작하는 방법은 그림 2.2와 같이 바탕화면에 있는 단축아이콘을 찾아서 더블 클릭하거나, 그림 2.3과 같이 여러분의 컴퓨터 모든 앱에 설치되어 있는 프로그램 중에서 Xilinx Design Tools의 Project Navigator를 찾아 실행시킨다.

그림 2.2 Vivado Design Suite 단축 아이콘

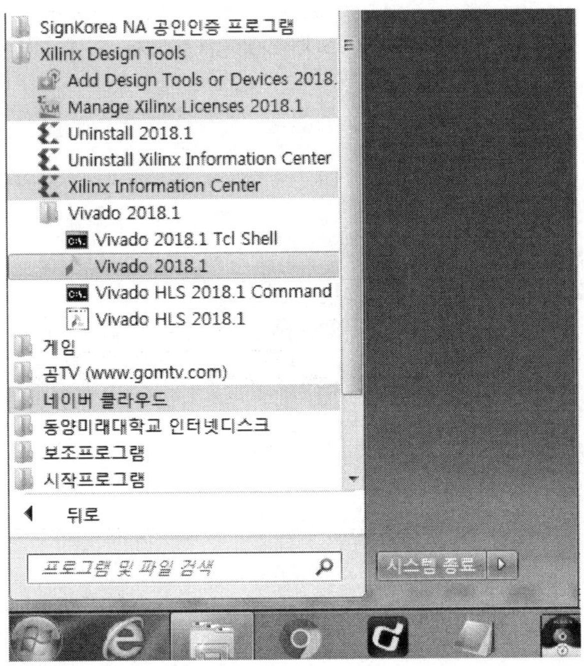

그림 2.3 Vivado Design Suite 명령어 선택 화면

Project Navigator 프로그램은 사용자가 실행시키는 최초의 프로그램으로, 사용자가 대화할 수 있는 인터페이스를 제공한다. 그림 2.4의 화면과 같이 Project Navigator의 초기 화면이 나타난다.

화면은 컴퓨터에 프로그램을 설치한 후 처음으로 프로그램을 실행시켰을 때의 화면이고, 최근에 Vivado로 작업한 프로젝트가 있어 "Open Project"를 실행시키면 그림 2.5와 같이 오른편에 최근 프로젝트 리스트가 보인다. 거기서 작업할 프로젝트를 더블 클릭하면 바로 작업할 수 있게 프로젝트가 열린다.

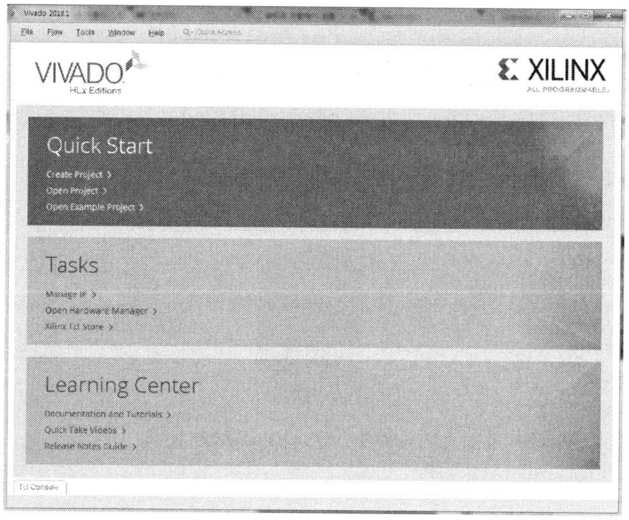

그림 2.4 Xilinx Vivado Design Suite 초기 화면

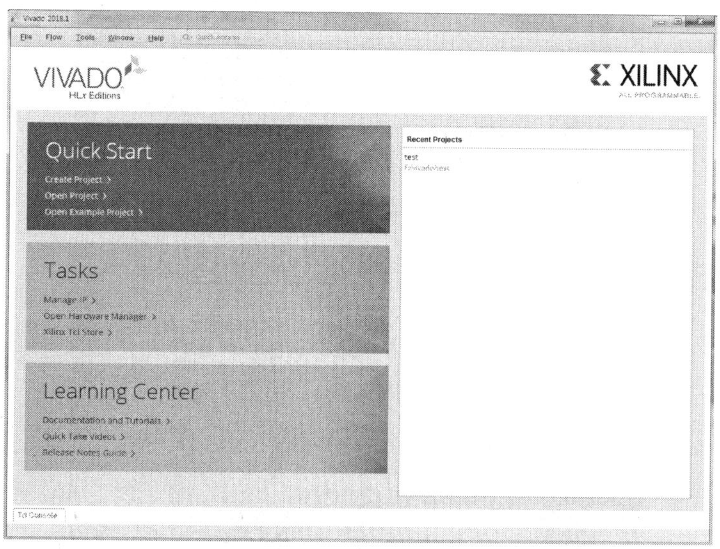

그림 2.5 Xilinx Vivado Design Suite 초기 화면 (최근 작업한 Project가 있는 경우)

2.2 새로운 프로젝트 및 소스 코드 만들기

Vivado 초기 화면의 구성은 단순해 보이지만, Vivado의 기능은 매우 다양하다. 따라서 본 교재에서 그 모든 기능을 다루기는 어렵고, 여기서는 처음 Vivado를 사용하여 설계하는 사용자라는 가정 하에 가장 기본적이고 핵심적인 과정 위주로 설명하고자 한다.

컴퓨터에서의 Verilog 설계 데이터는 파일의 형태로 저장된다. 따라서 설계자는 본인의 설계 파일이 저장되는 장소를 염두에 두고 작업을 시작해야 한다. 필요에 따라 미리 그 장소를 생성해 두고 작업을 시작하는 것이 좋다. 여기에서는 어느 임의의 드라이브 밑에 'vivado'라는 이름의 폴더를 만들어 그 폴더 밑에서 작업하는 것으로 한다.

요즘의 보통 프로그램과 같이 Vivado에서도 하나의 설계 작업을 할 때, 반드시 그 작업에 대한 프로젝트를 만들어 그 프로젝트 내에서 모든 작업이 이뤄지게 되어 있다.

처음 프로젝트를 생성하는 방법은 다음의 화면 그림 2.6과 같이 Create New Project 버튼을 선택하여 주면 된다.

그림 2.6 Create New Project 명령어 선택 화면

이어 나타나는 그림과 같은 화면은 이제부터 새로운 프로젝트를 생성할 것이라는 메시지이므로, Next 버튼을 눌러 진행한다.

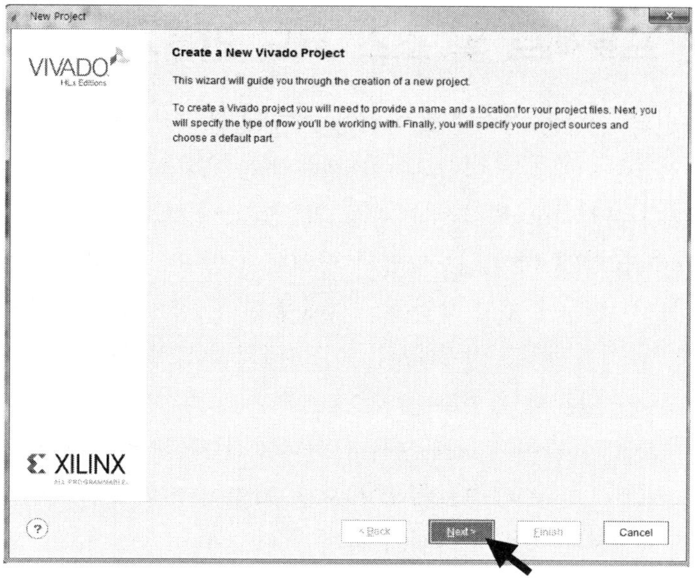

그림 2.7 Create New Project 명령어 대화 화면 1

그러면 다음 그림과 같은 화면이 나타나는데, 여기서는 프로젝트의 이름과 저장 위치를 지정해 주어야 한다.

저장 위치 폴더 밑에 프로젝트 이름의 폴더가 생기게 되며, 그 폴더 밑에 프로젝트이름.xpr이라는 프로젝트 파일이 생성된다. 그러한 내용의 메시지가 보인다. 지정해 줄 것을 모두 지정하고 난 후, Next 버튼을 눌러 진행한다.

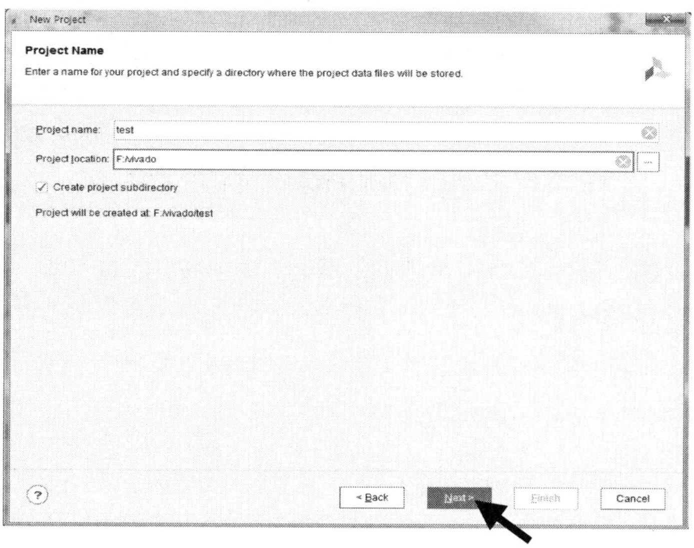

그림 2.8 Create New Project 명령어 대화 화면 2

이어서 나타나는 화면에서는 생성하는 프로젝트의 종류를 지정해 주어야 하는데, 보통의 평범한 RTL 설계는 첫 번째 나오는 RTL Project를 선택해 주면 된다.

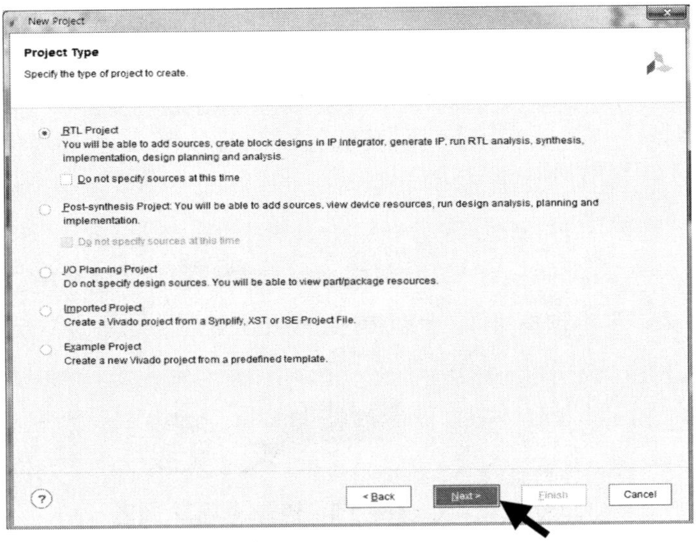

그림 2.9 Create New Project 명령어 대화 화면 3

그 다음 나타나는 화면은 소스 파일이나 디렉토리를 추가해 주거나, 새로 만들겠다는 것을 선택해 주는 화면이다. 또한 사용하고자 하는 언어의 종류나 시뮬레이터 종류도 선택해 준다.

여기에서는 새로이 파일을 만들고, 사용 언어는 Verilog로 선택하는 것을 설명한다. 버튼 중 Create File을 선택한다.

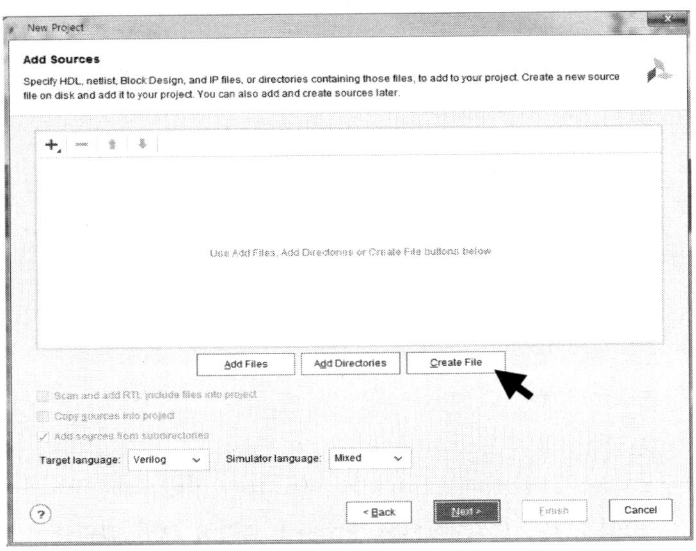

그림 2.10 Create New Project 명령어 대화 화면 4

그러면 다음 그림과 같은 조그만 화면이 팝업 되는데, 여기서 새로이 생성할 파일 이름을 지정해 준다. 여기서 File Type은 Verilog를 선택해 주고, FIle Name은 설계자가 원하는 이름으로 적어준다. 다음 OK 버튼을 눌러 준다.

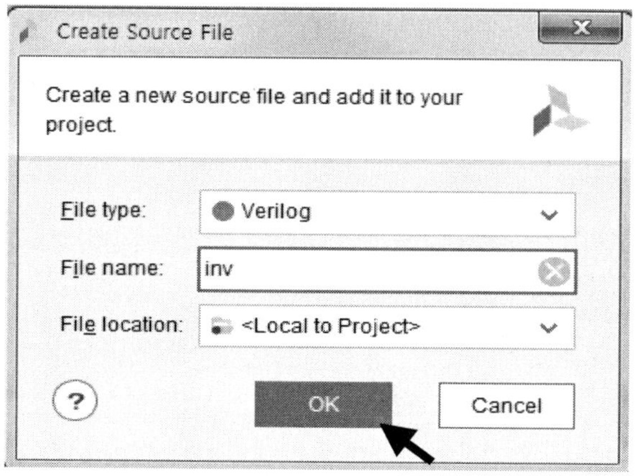

그림 2.11 Create File 명령어 대화 화면

그러면 좀 전에 비어 있던 가운데 창에 다음 그림과 같이 새로이 생성한 파일이 보이게 된다. 이제 Next 버튼을 눌러 진행한다.

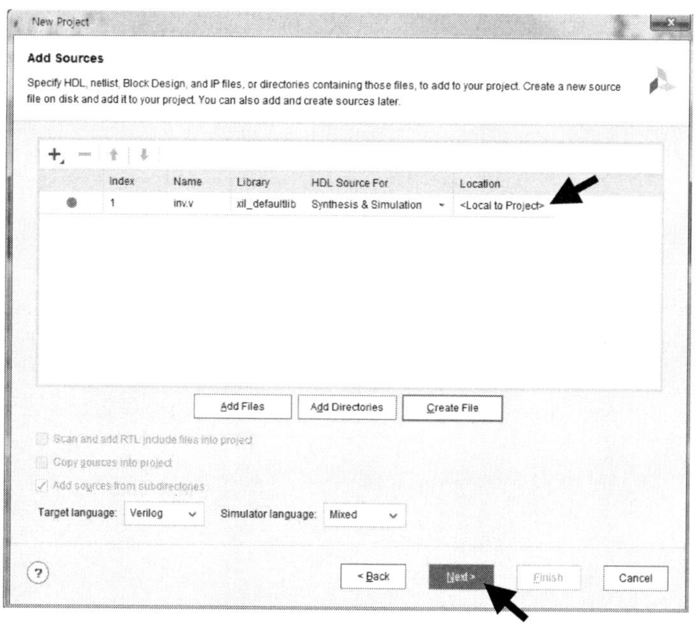

그림 2.12 Create New Project 명령어 대화 화면 5

그 다음 나타나는 Add Constraints (optional) 화면은 그냥 Next 버튼을 눌러 지나간다.

이어서 나오는 그림 2.13 화면은 설계자가 사용할 Xilinx의 보드나 부품을 지정해 주는 화면이다. 우리는 ㈜리버트론의 FPGA Strater Kit III를 사용하여 실습을 진행하려 하고, 그 Kit가 채택한 FPGA가 Artix 7 계열의 xc7a75tfgg484-1이기 때문에 바로 검색 기능을 이용하여 찾아서 지정해 준다. (숫자로 붙는 것은 동일한 규격의 부품들이고 단지 속도 성능만 차이가 나는 것이다.)

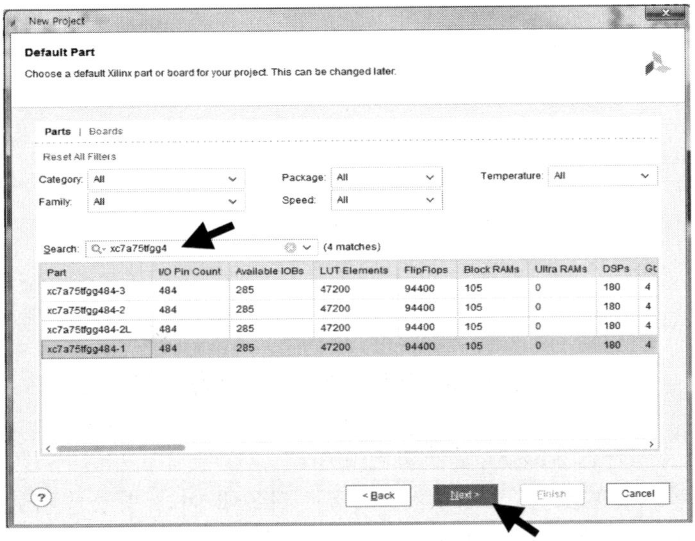

그림 2.13 Create New Project 명령어 대화 화면 6

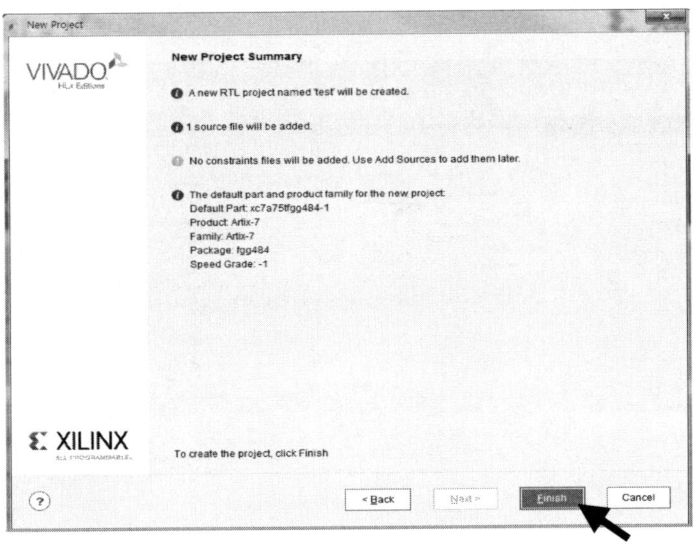

그림 2.14 Create New Project 명령어 대화 화면 7

Next 버튼을 눌러 진행하면 그림 2.14와 같이 새로 만든 프로젝트에 대한 요약 화면이 뜬다. 이제까지 설계자가 해 주었던 내용들이 정리되어 있다. 여기서 Finish 버튼을 눌러 주면 새로운 프로젝트가 만들어 지면서 그림 2.15와 같이 새로운 모듈을 정의하는 것을 도와주는 화면이 팝업 된다. 먼저 이 화면에서 모듈이름과 입출력 포트들을 선언해 준다. 필요시 +, - 버튼도 사용한다.

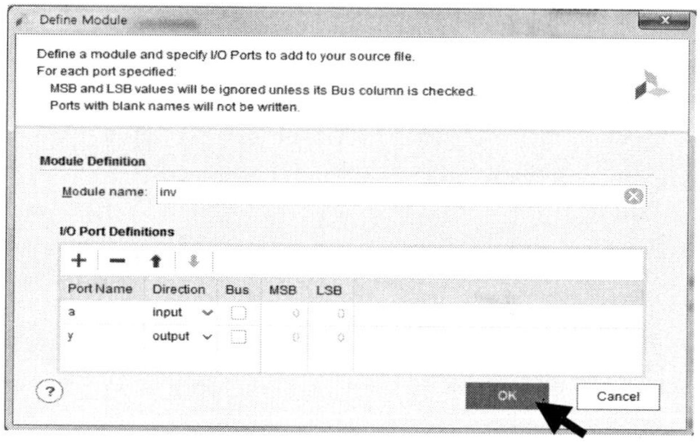

그림 2.15 Define Module 대화 화면

OK 버튼을 눌러 진행하면, Vivado 설계 화면이 아래 그림과 같이 나타난다. 이 화면이 설계자가 주로 사용하는 화면이 되므로 잘 살펴보기 바란다. 위쪽에 여러 명령어 메뉴들, 왼편에 설계의 주된 과정의 명령어가 순서대로 나열되어 있는 Flow Navigator 창, 오른편에는 진행하고 있는 프로젝트를 관리해 줄 수 있는 Project Manager 창, 그리고 오른편 아래쪽으로 여러 가지 정보를 보여주는 메시지 창들이 배치되어 있다.

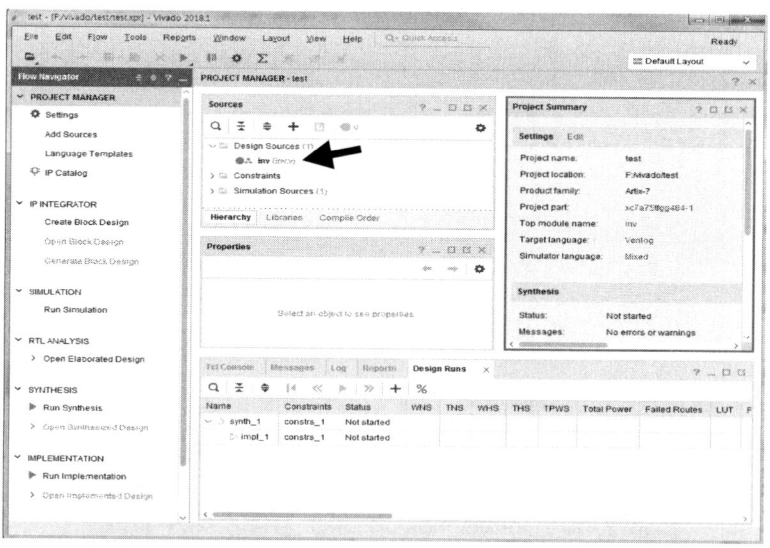

그림 2.16 Create New Project 명령어 실행 완료 후 화면

Project Manager / Sources / Design Sources 창에 보이는 설계 파일인 inv.v를 더블 클릭하여 연다. 그러면 화면 오른편으로 새로이 inv.v 파일이 열리는 데 편집할 수 있는 상태이다. 여기에서 Verilog 명령어를 사용하여 설계를 완성하면 된다.

본 예제에서는 가장 간단한 NOT 게이트를 설계한다. assign y = ~a; 라는 것은 입력 신호 a의 값을 반전시켜 출력 신호 y에 할당하라는 의미이다. 즉, NOT 게이트의 기능을 설계한 것이다.

설계를 완료한 후 그림 2.17에서 보이는 것처럼 Save File 아이콘을 눌러 저장하면, 자동적으로 컴파일을 하여 설계 코드에 error가 있는지를 검사한다. 여기에서는 고의로 줄 맨 뒤에 ;(세미콜론)을 빠뜨려 error를 발생시키고 있다. Design Sources 창에 Syntax Error Files 라고 표시되는 것을 볼 수 있다. Error 내용은 아래쪽에서 Messages 탭을 선택하여 볼 수 있다.

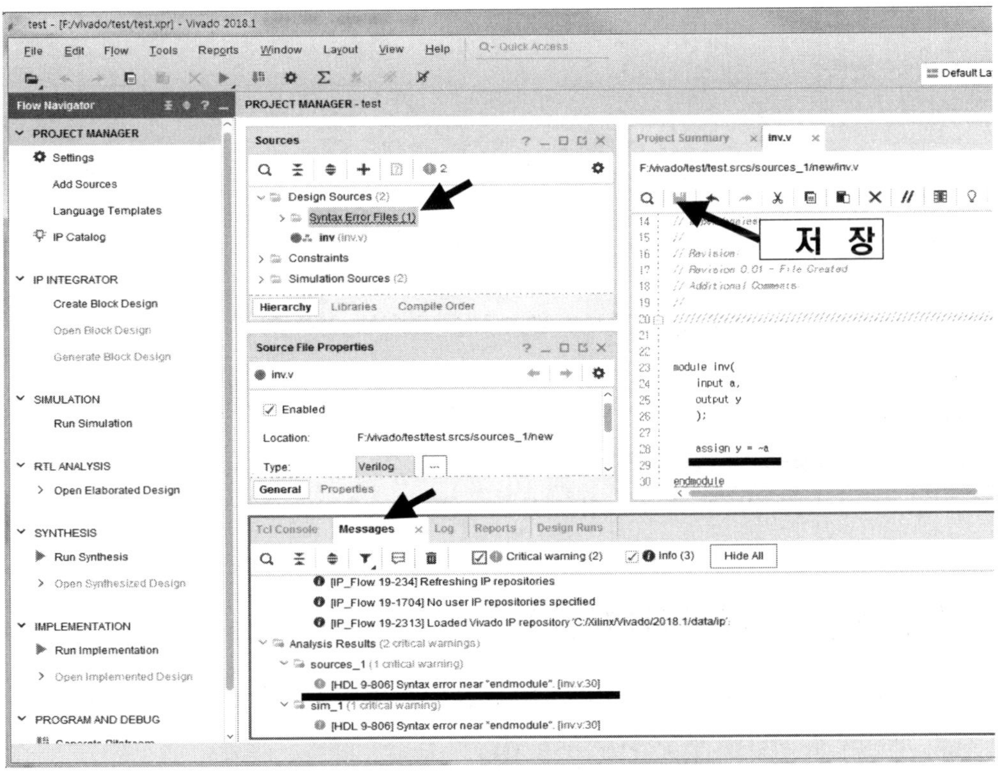

그림 2.17 NOT 게이트 설계 Error 화면

Error 메시지를 잘 참고하여 코드를 수정하여 error가 없는 코드로 완성해 나간다. ;(세미콜론)을 추가하여 제대로 완성한 다음 저장을 하면 그림 2.18과 같이 나타난다.

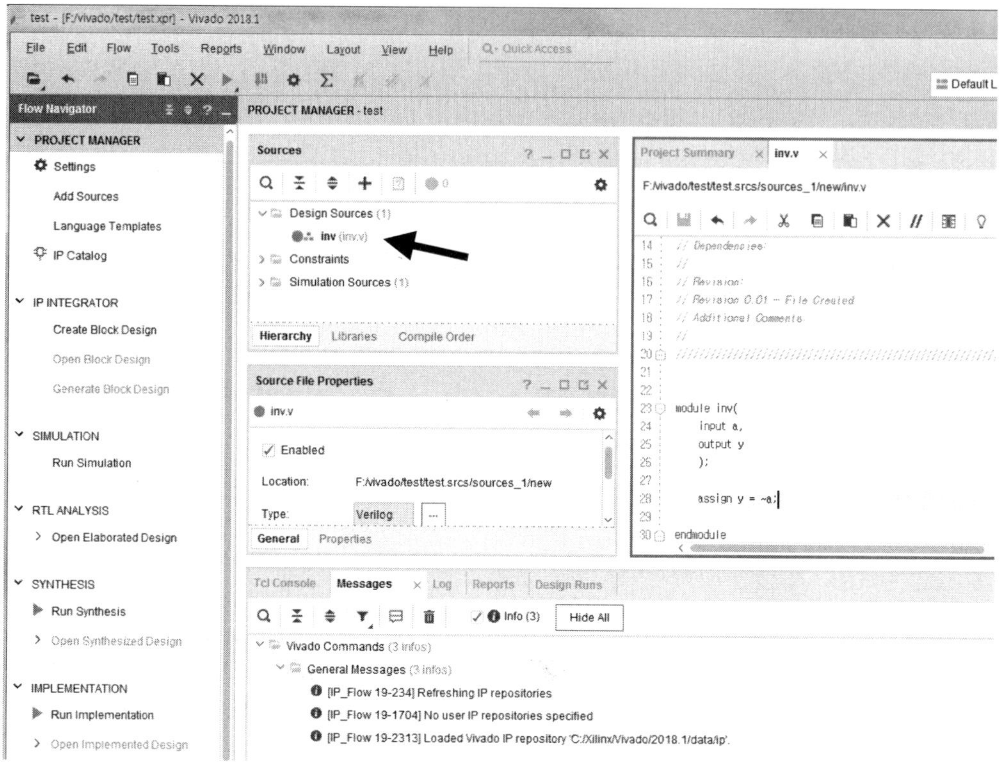

그림 2.18 Error 없는 NOT 게이트 설계 화면

여기까지 이상 없이 완료되면, 적어도 코드 문법에는 이상이 없는 것이 확인된 것이다. 그러나 설계하고자 하는 기능이 제대로 구현되었다는 것을 보장해 주지는 않는다. 설계된 회로의 정상 여부는 다음 절에서 설명하는 모의실험(시뮬레이션) 과정을 거쳐 확인할 수 있다.

2.3 Verilog 시뮬레이션하기

Vivado Verilog 시뮬레이터를 이용하여 시뮬레이션 해 주기 위해서는 먼저 시뮬레이션을 위한 입력 신호 파형(Stimulus)를 만들어 주어야 한다.

이를 위해서 본 교재에서는 이 역시 Verilog 코드로 작성해 주는 방식을 채택하고자 한다. Verilog에서는 시뮬레이션을 위한 Verilog 코드를 특별히 테스트 벤치(Test Bench) 코드라고도 부른다.

먼저 아래 그림 2.19에서 보이는 것처럼 Flow Navigator / Project manager 아래 있는 Add Sources 메뉴를 눌러 준다.

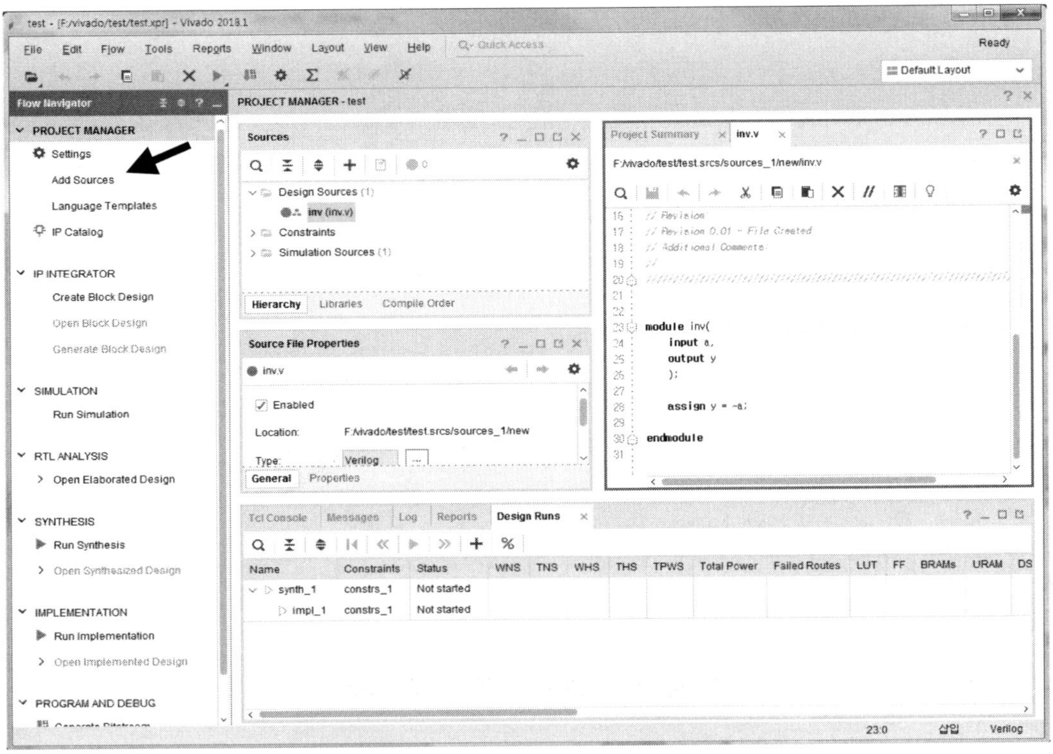

그림 2.19 Add Sources 명령어 선택 화면

이어 나타나는 화면에서 Add or create simulation source를 선택한 후, Next를 눌러 진행한다.

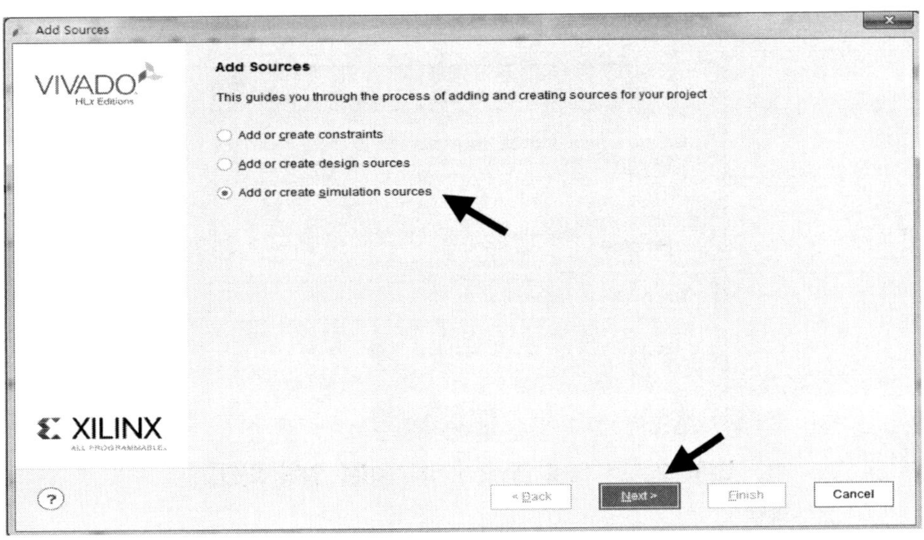

그림 2.20 Add or create simulation sources 선택 화면

새로이 나타난 화면에서 Create File을 선택한다.

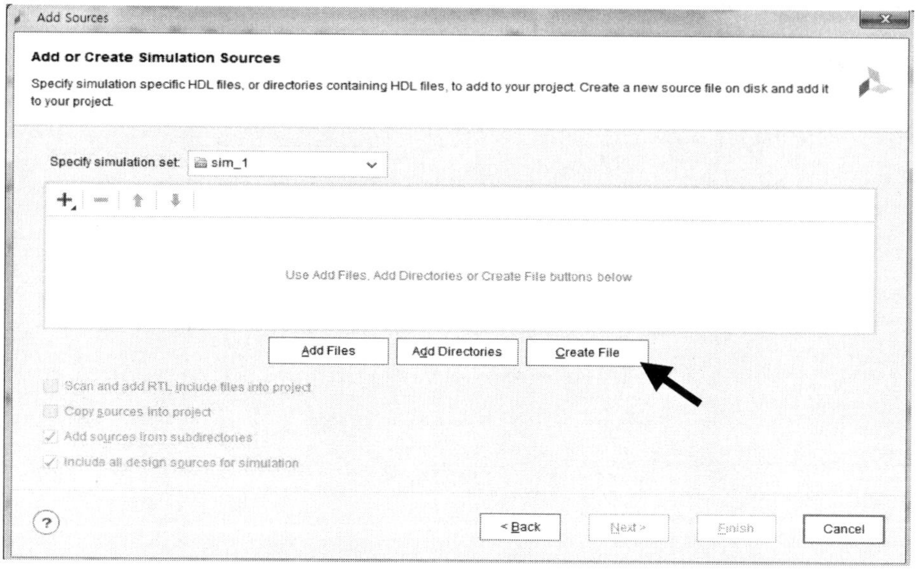

그림 2.21 Create File 선택 화면

팝업된 화면에서 File Name에 파일 이름을 써주면 되는데, 파일 이름 관리 관점에서 아무 연관 없는 이름을 주는 것보다는 설계한 module의 test bench라는 것을 상기시켜 주는 "설계이름_tb"라는 형식의 이름을 붙여줄 것을 제안한다. 따라서 본 예제에서는 inv module을 위한 것이므로 inv_tb 라고 입력한다.

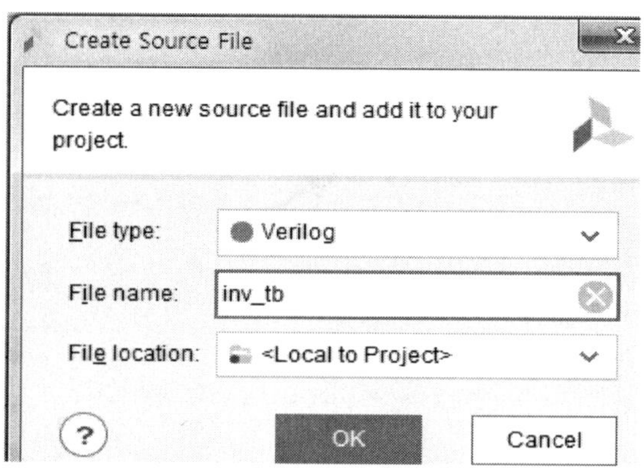

그림 2.22 Test Bench 파일 이름 입력 화면 1

그러면 화면이 아래와 같이 바뀌고, 여기서 Finish를 눌러 종료한다.

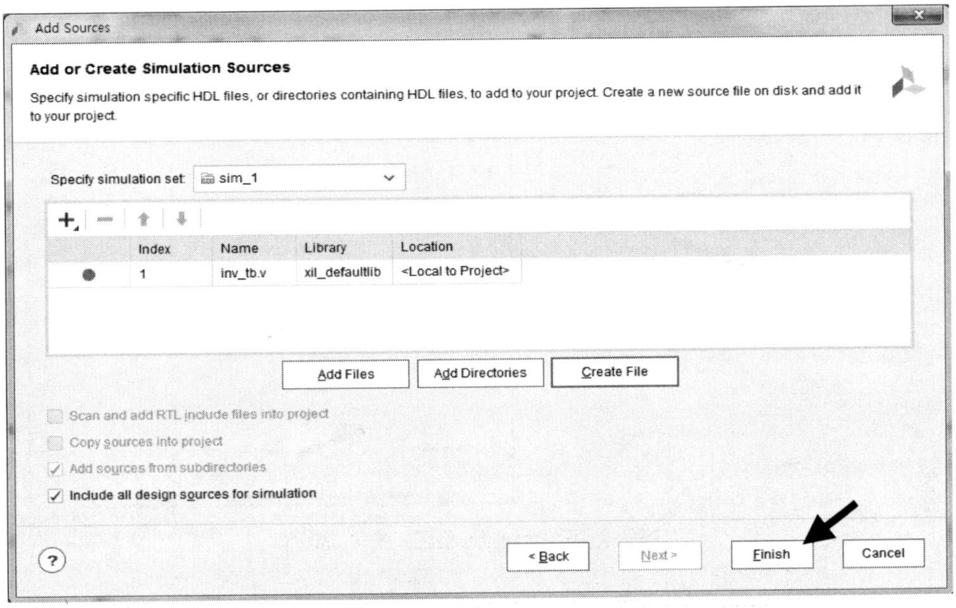

그림 2.23 Test Bench 파일 이름 입력 화면 2

이후 나타나는 Define Module 화면에서는 Test bench 코드는 입출력 포트가 없으므로 그냥 OK 버튼을 눌러 종료한다.

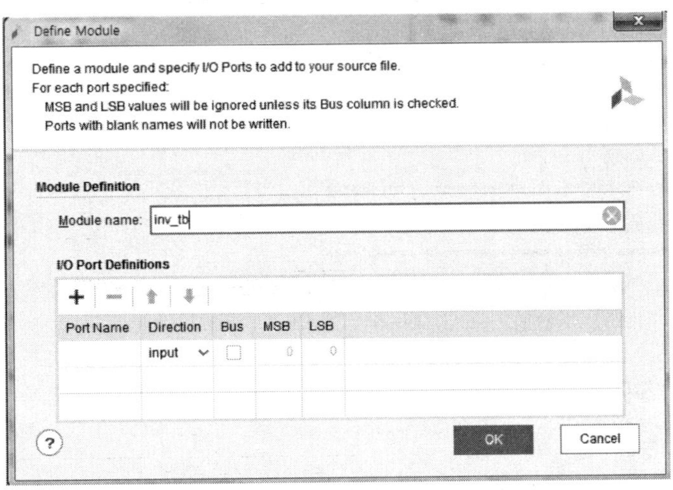

그림 2.24 Define Module 대화 화면

그런 다음 아래 화면과 같이 Project Manager / Sources 창에서 Simulation Sources 에 있는 inv_tb.v 파일을 더블 클릭하여 열면, 처음에는 내용이 거의 없는 Verilog 코드가 나타난다.

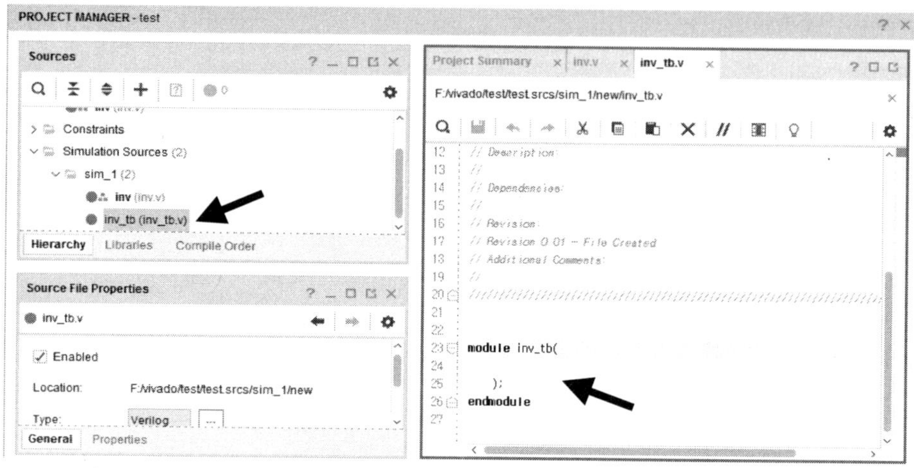

그림 2.25 inv_tb 코드 초기 화면

```
`timescale 1ns / 1ps

module inv_tb;

reg a;

//=======================================
// Simulation Module Instantiation
//=======================================
inv u_inv     (
.a        (a ),
.y        (y ) );
//***********************************************
//    Simulation Test Vector
//***********************************************
initial  a   = 1'b0;
always    a   = #100 ~a;

initial begin
        #1000
        $finish;
end

endmodule
```

그림 2.26 inv_tb 코드 예제 화면

이 inv_tb 파일 내용에 위와 같이 코드를 작성해 준다. 이것은 Verilog에 대한 지식을 필요로 한다. 맨 첫줄의 timescale 명령어에서 1ns는 추후 사용되는 숫자의 시간 단위이며, 1ps는 그 시간단위로 시뮬레이션 계산을 하겠다는 뜻이다. 이후 코드는 크게 두 부분으로 나누어지는데, 첫 번째는 시뮬레이션 하고자 하는 module을 불러 오는 것(Instantiation, 사례화)이고, 두 번째는 입력 신호에 인가할 파형을 만들어 주는 것이다. 본 예제에서는 입력 신호 a에 주기 200ns의 클럭 신호를 만들어 주고 있다.

위와 같이 코드를 수정해 준 후 저장하면 아래 그림과 같이 Project Manager / Sources 창의 Simulation Sources 부분이 바뀌는데, 이는 inv_tb가 inv를 계층적으로 포함하고 있음을 보여주는 것이다.

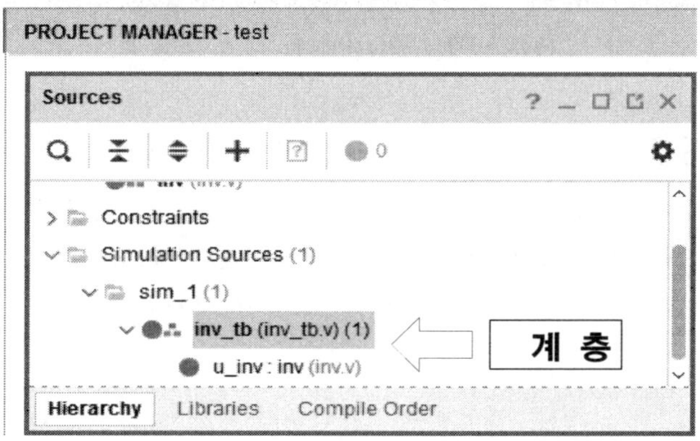

그림 2.27 inv_tb 와 inv 의 계층 구조 표시 화면

이제 Flow Navigator / Simulation 에 있는 Run Simulation 명령어를 실행시키는데, 왼쪽 마우스로 클릭하면 나타나는 팝업메뉴에서 Run Behavioral Simulation 을 선택한다.

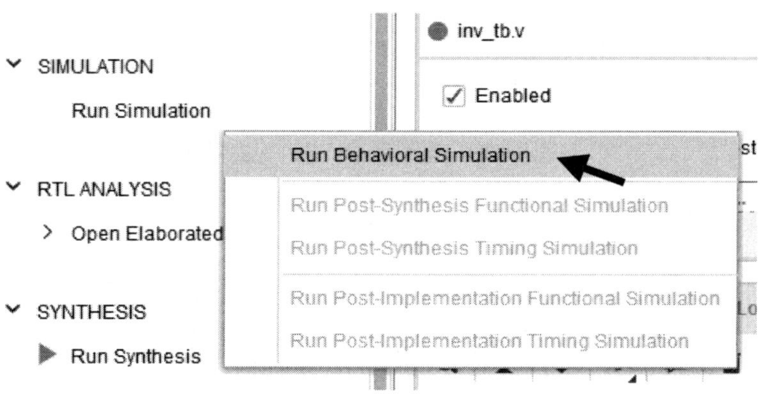

그림 2.28 Run Simulation 명령어 실행 화면

그러면 시뮬레이션이 수행되고, 최종적으로는 아래 그림 2.29와 같이 오른쪽에서 파형을 볼 수 있다. 예제로 설계한 것은 가장 간단한 NOT 게이트이므로 입력 신호 a의 값이 반전되어 출력신호 y로 나가고 있음을 확인할 수 있다.

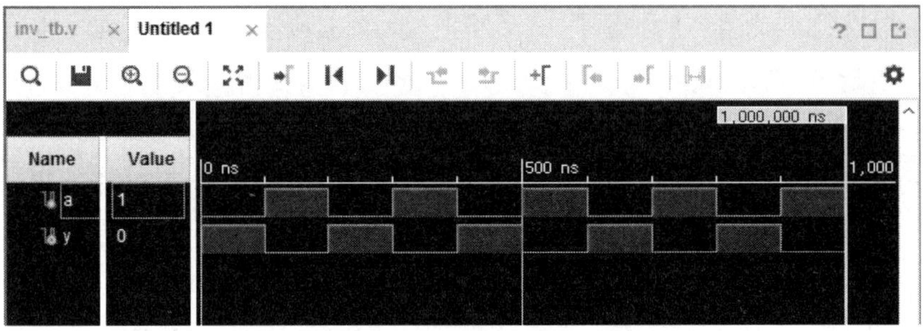

그림 2.29 Simulation 결과 파형 1

파형은 파일로 저장할 수 있으며, 커서가 있는 곳에서의 신호 값 읽기, 두 커서 간의 시간 간격 측정 등 여러 기능이 있다. 이런 것들도 필요성이 있을 때 차차 익혀 나가도록 한다.

입력 신호를 클록처럼 주지 않고 임의대로 바뀌게 주는 시뮬레이션을 해 보자. 아래와 같이 Test Vector 부분을 바꾸어 주고 시뮬레이션을 다시 실행시켜 본다.

```
//**************************************************
//   Simulation Test Vector
//**************************************************
initial begin
    a  = 1'b0; #100
    a  = 1'b1; #200
    a  = 1'b0; #300
    a  = 1'b1; #400
    $finish;
end
```

그림 2.30 임의로 바뀌는 신호 표현

그러면 입력 신호 a는 처음에 '0'으로 시작해서 100 ns 후에 값이 '1'로 바뀌고, 그렇게 200 ns 진행한 후에 다시 '0'으로 되고, 또 300 ns 진행하고 난 후에 값을 '1'로 바꾸어 400 ns 만큼 더 시뮬레이션을 진행하게 될 것이다.

시뮬레이션을 진행한 후 파형을 확인해 보면 그림 2.29와 같이 우리가 의도한 대로 나오고 있음을 확인할 수 있다.

파형 전체를 보려면 Zoom Fit 아이콘 을 눌러 주면 된다.

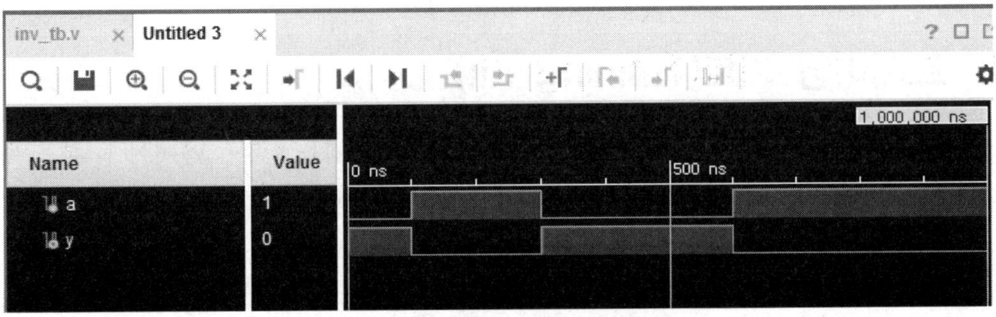

그림 2.31 Simulation 결과 파형 2

그 밖의 Simulator의 여러 기능들은 여기서 세세히 설명하진 않는다. 도움말과 몇 번의 시행착오를 거치면 쉽게 익힐 수 있을 것이다.

이로써 기본적인 설계와 시뮬레이션 과정을 정리하였다.

3장 트레이닝 키트와 동작 검증

3.1 트레이닝 키트(Training Kit)

트레이닝 키트란 교육용 목적으로 제작된 소규모 실습 시스템을 일컫는 용어이다. 본 교재에서 활용되는 트레이닝 키트는 FSK III(FPGA Strater Kit III)로 VHDL 및 Verilog을 활용하여 Xilinx FPGA 설계를 해보는 실습을 위해 제작된 것이다.

FSK Ⅲ는 Xilinx사의 최신 FPGA Device인 Artix-7을 적용한 FPGA 회로설계 검증용 장비로서 FPGA를 통한 교육과정 및 디지털 회로 설계 개발에 적합한 제품이다. Display, Switch, Memory, Expansion Port 등의 주변 회로를 활용하여 다양한 디지털 회로 설계 및 검증을 수행할 수 있다.

그림 3.1에 FSK III 보드의 모습을 보이고 있다.

그림 3.1 FSK III 보드

그림 3.2에는 FSK III의 전체 블록 다이아그램을 보이고 있다.

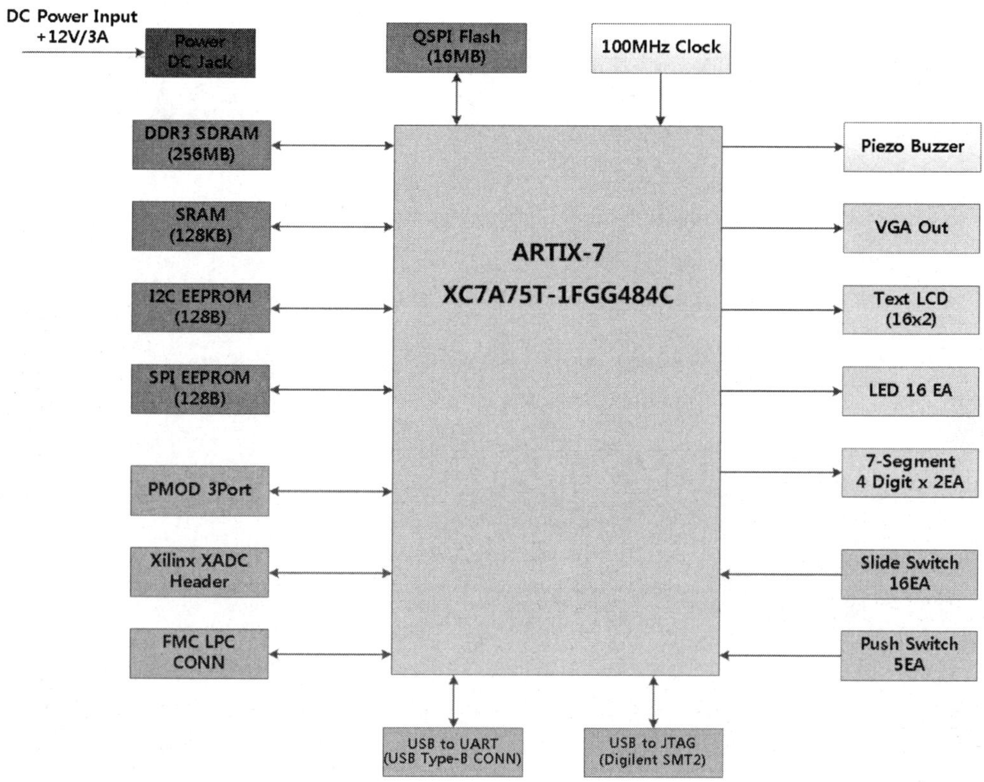

그림 3.2 FSK III 블록 다이아그램

FSK III의 주요 특징은 아래와 같다.

✓ 75,520 Logic Cell의 Xilinx Artix-7 Series XC7A75T FPGA Device 탑재

✓ USB to JTAG Module 적용으로 별도의 JTAG Cable 필요 없음

✓ USB to UART 적용으로 로직 회로 설계의 디버깅 편의성 제공

✓ 16x2 Character LCD, 7-Segment 8Digit, 16bit LED Display 지원

✓ RGB 444 VGA Port 및 Piezo Buzzer 지원

✓ Push Button 6EA 및 DIP Switch 16EA 입력 지원

✓ 256MB DDR3 SDRAM, 128KB SRAM, 128B I2C EEPROM, 128B SPI EEPROM의 메모리 지원

✓ PMOD 3Port, FMC LPC 1Port, XADC 1Port의 외부 확장 Port 지원

✓ 회로 보호용 아크릴판 적용으로 PCB 회로 보호

그림 3.3에는 FSK III의 전체 구성 사진을 보이고 있다.

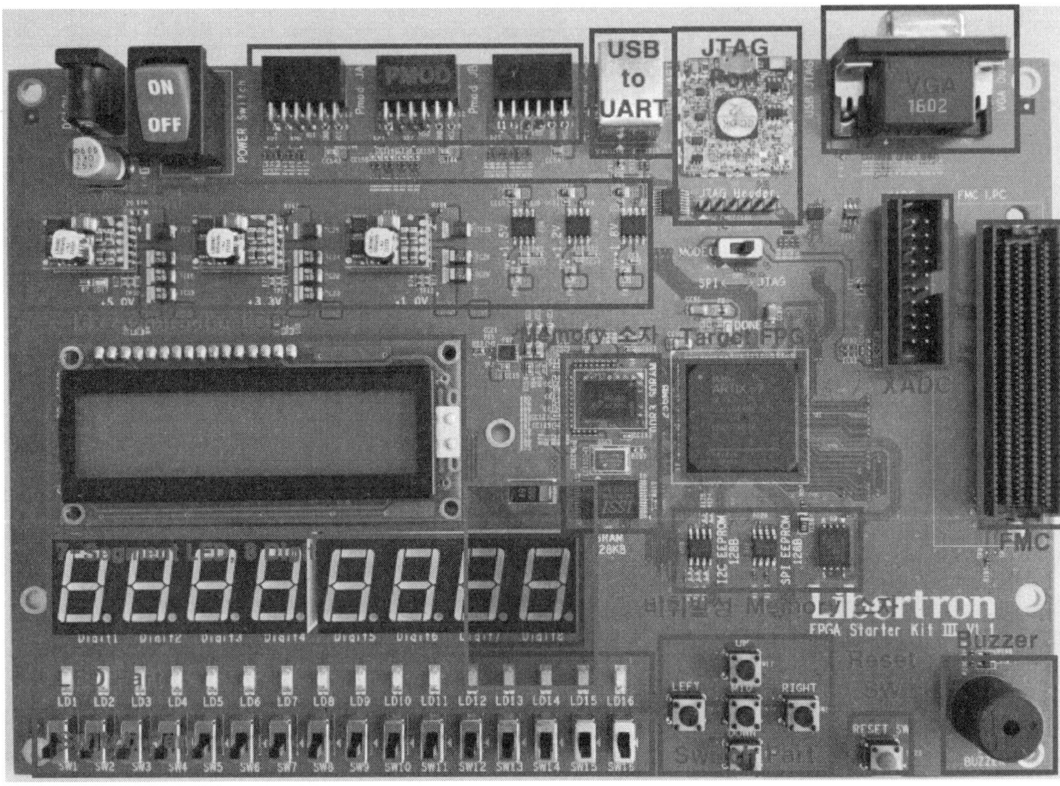

그림 3.3 FSK III 보드 구성

FSK III 트레이닝 키트에는 많은 입출력 장치들이 장착되어 있다. 이러한 장치들은 모두 PCB 배선을 통해 FPGA 소자의 핀들에 연결되어 있다.

따라서 설계자는 본인이 원하는 회로를 설계한 다음 이 트레이닝 키트에서 검증을 하기 위하여, 본인이 설계한 회로의 입출력 포트를 소자의 특정한 핀으로 할당해 주는 작업을 해 주어야 한다.

본 과정에서 가장 많이 쓰이는 입력 장치는 버튼식 스위치이며, 가장 많이 쓰이는 출력 장치는 LED 이다. 이들을 예로 들어 입출력 port에 핀을 할당하는 작업의 의미를 표현해 보았다.

우선 아래 그림은 버튼스위치 1과 LED 1이 FPGA 소자에 각각 핀 102번과 핀 2번에 연결되어 있음을 상징하는 그림이다.

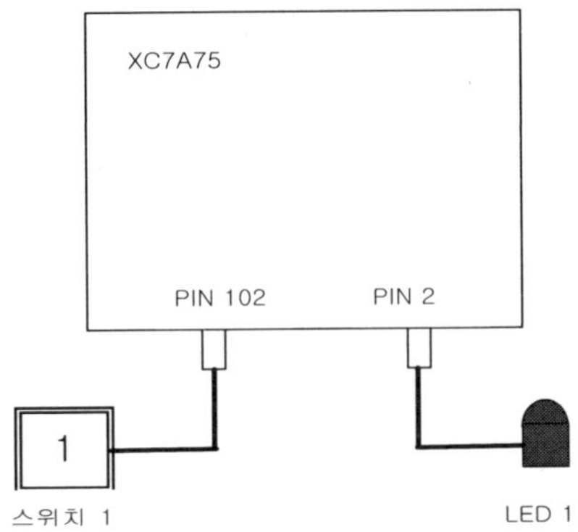

그림 3.4 입출력 장치와 소자가 연결된 모습

위 그림에서 보는 것처럼 스위치 1이 핀 102에 연결되어 있는데, 좀 더 정확하게는 스위치 1을 누르면 LOW('0')의 값이 핀 102까지 전달되고, 스위치 1을 누르지 않으면 HIGH('1')의 값이 핀 102에 전달되게 설계되어 있다.

또 핀 2에 HIGH('1')의 값이 나타나면 LED 1이 켜지고, 핀 2에 LOW('0')의 값이 나타나면 LED 1이 꺼지게 만들어져 있다.

이제 Vivado를 사용하여 Verilog 방식으로 NOT 게이트를 설계하였다고 하자. 반전 회로는 간단한 기능으로서 입력의 논리 값을 반전시켜 출력으로 내보내는 기능을 한다.

이 설계한 회로를 합성하면 실제 FPGA 내부에 아래 그림 3.5와 같이 NOT 게이트가 구현된다고 할 수 있다.

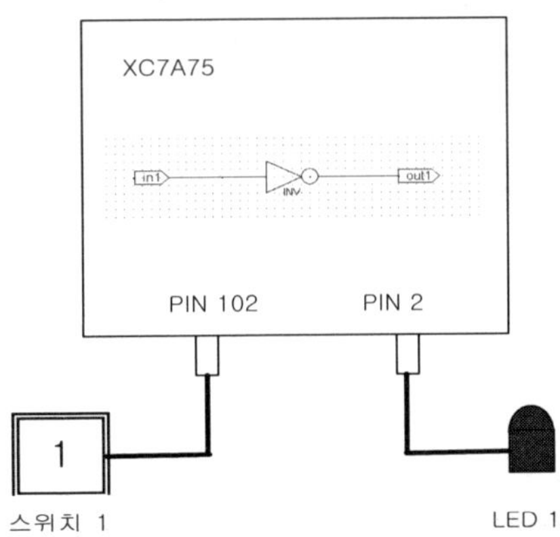

그림 3.5 설계한 회로가 FPGA에 구현된 모습

이제 이 설계한 회로의 동작을 트레이닝 키트를 사용하여 직접 검증해 보고자 한다. 이를 위하여 회로의 입출력 포트(port)에 적절한 소자의 핀 번호를 할당시켜 주어 그곳으로 연결되도록 한다. 이러한 과정을 아래 그림 3.6에 표현해 보였다.

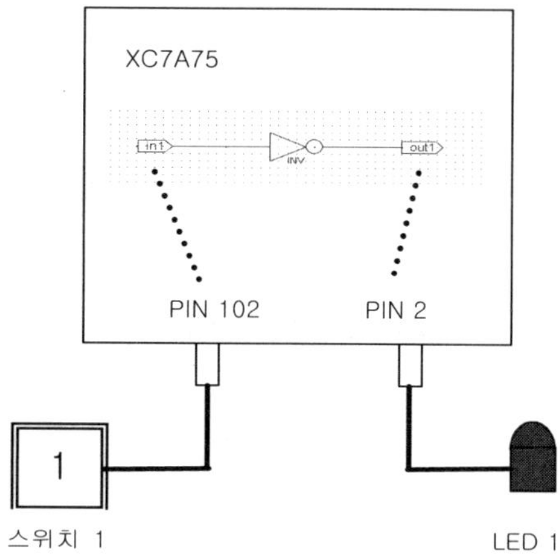

그림 3.6 설계한 회로의 입출력 포트가 핀에 연결되는 원리

이제 스위치 1을 누르면 LOW('0')의 값이 핀 102까지 전달되고, 이 핀을 통해서 회로의 입력 포트 'in1'에 LOW가 전달된다.

그러면 회로의 반전 동작을 통하여 출력 포트 'out1'에는 HIGH가 출력되고, 이는 다시 핀 2까지 전달되는 것이다. 또 핀 2에 전달된 HIGH에 의하여 LED 1이 켜지게 되는 것이다.

스위치 1을 누르지 않을 때에는 이와 비슷한 과정을 통하여 결과적으로 LED 1은 꺼지게 된다.

정리해 보면 스위치 1을 누르면 LED 1은 켜지고, 스위치 1을 누르지 않으면 LED 1은 꺼지게 동작하는 것이다. 이로써 설계자가 설계한 반전 회로가 정상적으로 설계되었음을 검증한 것이 된다.

이와 같은 원리를 기본으로 이해하고, 다음 절에는 보다 구체적인 검증 과정을 설명하고자 한다.

3.2 동작 검증

본 절에서는 설계한 회로를 트레이닝 키트로 검증하기 위한 구체적인 과정을 설명하고자 한다. 그 과정은 아래와 같이 크게 6단계로 이루어진다.

1) 소자 할당하기
2) 핀 할당하기
3) 구현(implement) 하기
4) 프로그래밍 파일 생성하기
5) 소자 프로그램(configure) 하기
6) 트레이닝 키트 동작시켜 보기

3.2.1 소자 할당하기

2장에서 Vivado project navigator로 설계할 때, 소자를 지정해 주는 과정에서 우리가 사용할 트레이닝 키트에 장착되어 있는 소자를 선택하였었다. 그러나 소자를 지정해 주는 그 단계를 수정하지 않고 기본으로 나온 소자를 그냥 고치지 않고 다음 단계로 넘어 갔었다면 이제라도 트레이닝 키트에 장착되어 있는 FPGA 소자로 맞게 지정해 주어야 한다.

즉, 소자를 지정해 주는 단계에서 맞는 소자를 지정해 주거나, 아니면 나중에라도 소자를 변경해 주면 된다. 여기서는 소자를 변경 지정해 주는 방법을 설명하고자 한다.

우선 그림 3.7과 같이 Flow navigator의 설계 관리 창의 가장 윗부분에 있는 Project Manager 중에 첫 번째 Project Setting 명령어를 선택해 준다.

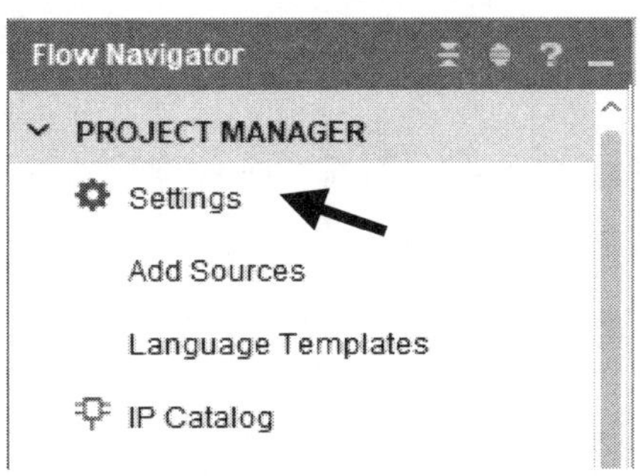

그림 3.7 Project Setting 명령어 선택 화면

그러면 다음 그림 3.8과 같이 나타난다. Project device 항목으로 들어가 FSK III에 사용되고 있는 xc7a75tfgg484-1 소자를 찾아 선택해 주면 된다.

Project device 선택 줄 맨 오른쪽에 있는  표시를 눌러 주면, 찾고자 하는 소자를 쉽게 찾도록 도와주는 검색창이 팝업 된다. 그 창에서 적절하게 찾으면 된다.

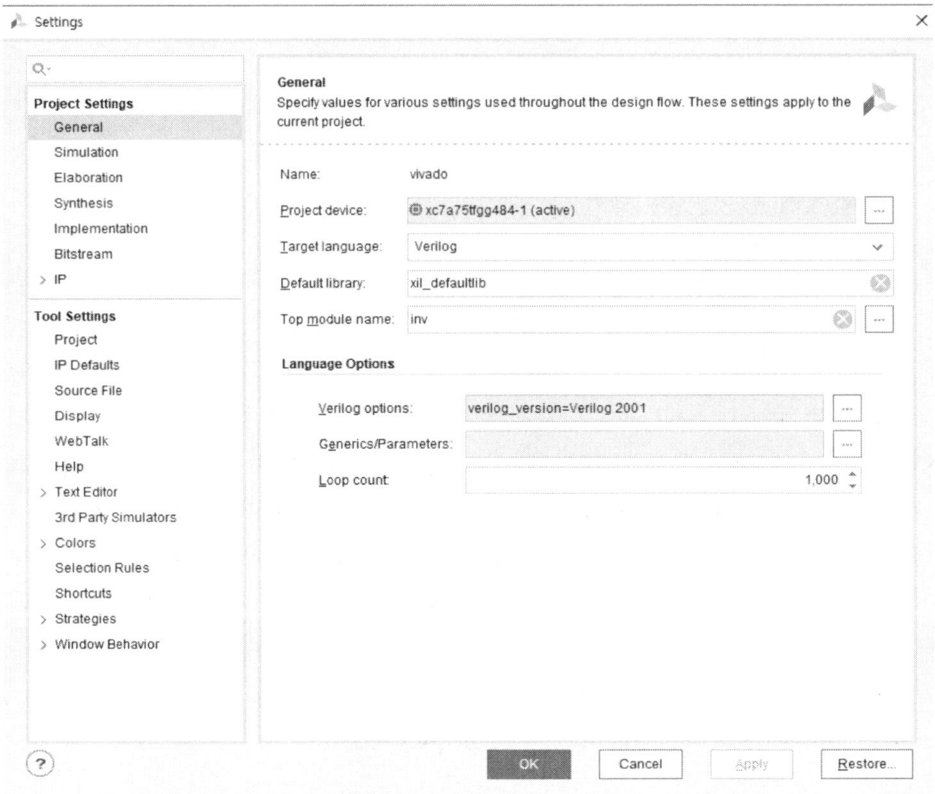

그림 3.8 Project Setting 명령어 화면

여기서는 FPGA Device 설정 이외에도 설계자가 수행하고 있는 프로젝트에 관한 전반적인 것을 모두 수정하고 선택할 수 있다.

3.2.2 핀 할당하기

앞 3.1절에서 설명한 원리를 바탕으로 이 절에서는 각 입출력 포트에 핀을 할당해 주는 과정을 보이고자 한다.

FSK III에서 자주 사용되는 핀에 대한 정보는 책 뒤편 부록 B에 보였다.

특이한 점은 키트에 DIP 스위치와 LED는 총 16개가 있는데, 가장 오른쪽에 있는 것이 SW16과 LD16이고, 가장 왼쪽에 있는 것이 SW1과 LD1이라고 이름 붙여져 있다. 또 위 표에 신호이름과 보드에 표기된 이름도 약간의 차이가 있다. 즉, 신호이름 LED〈0〉가 LD1이며, DIP_SW〈0〉가 SW1인 식이다.

우리가 예제로 설계한 NOT 게이트의 입력 신호 a에는 PUSH_SW_MID (G21)을 쓰고, 출력신호 y에는 LD1 (F15)를 사용할 예정이다.

먼저 새로운 설계 모듈을 만들 때나 새로운 Verilog 테스트 벤치를 만들 때처럼 Project Manager 아래에 있는 Add Sources 명령어 아이콘을 선택하여 실행시킨다. 이어 나타나는 Add Sources 명령어 화면에서 첫 번째 'Add or create constraints'를 선택해 준 후 진행한다.

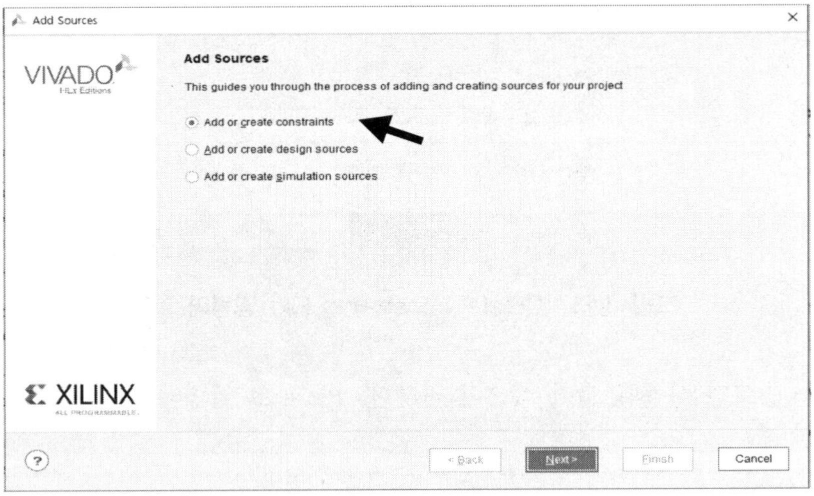

그림 3.9 Add Sources 명령어 화면

다음에 나타나는 화면에서는 Create File을 선택하여 새로운 파일을 만든다.

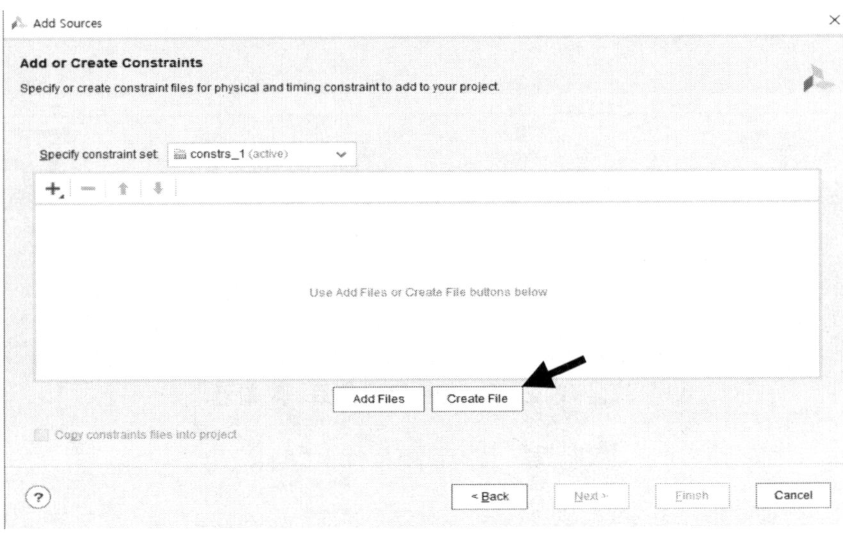

그림 3.10 Add or Create Constraints 명령어 화면

팝업 된 화면에서 파일 이름만 써주면 된다. 파일 타입이 "XDC"가 됨을 기억하자.

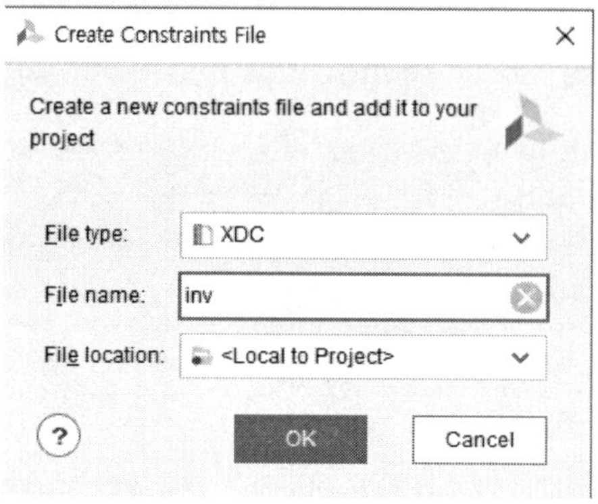

그림 3.11 Create Constraints File 명령어 화면

OK 버튼을 누르면 아래와 같이 화면이 바뀐다. Finish로 끝낸다.

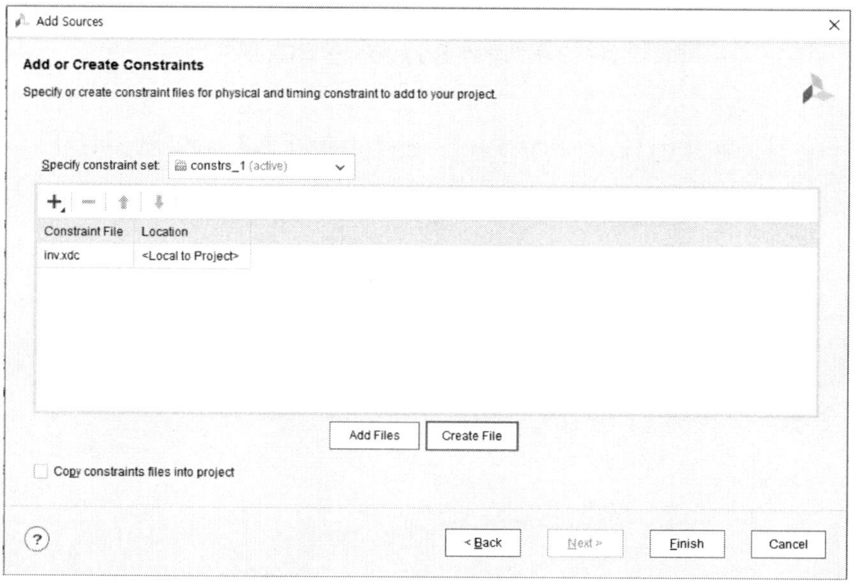

그림 3.12 Create File 완료 후 화면

그러면 Project Manager 밑의 Sources 창에서 아래 그림과 같이 Constraitns/constrs-1 밑에 inv.xdc 파일이 보일 것이다.

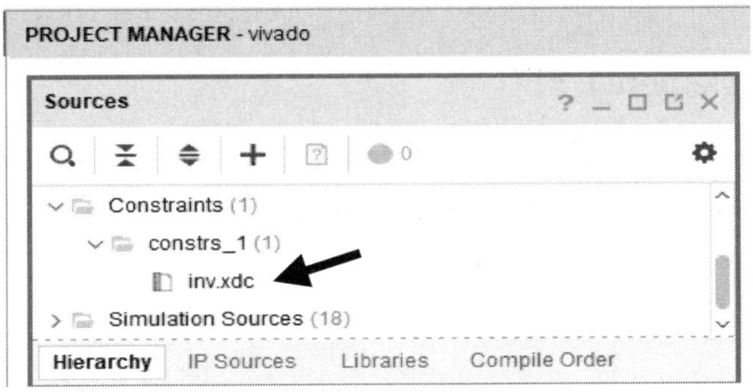

그림 3.13 inv.xdc 파일 표시 화면

이 파일을 더블-클릭하면 오른편에 편집할 수 있는 화면이 나타난다.

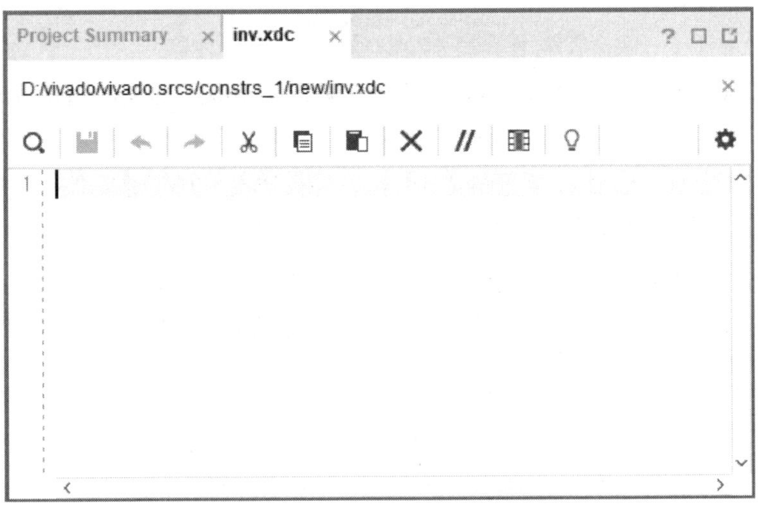

그림 3.14 inv.xdc 파일 편집 화면

이 비어 있는 파일에 아래와 같은 내용을 입력한다.

```
set_property -dict {PACKAGE_PIN G21 IOSTANDARD LVCMOS33} [get_ports a]
set_property -dict {PACKAGE_PIN F15 IOSTANDARD LVCMOS33} [get_ports y]
```

위 형식을 사용하여 사용자는 신호이름 부분(a)과 핀 번호 부분(G21)만 바꾸어 주면서 본인이 원하는 핀을 할당할 수 있다. 단, 사용하고자 하는 핀의 종류 (예, LVCMOS33) 는 자료를 통해 확인하여 오류가 없도록 써주어야 할 것이다.

3.2.3 구현(Implement) 하기

처음 설계하는 것이거나, 또는 Verilog 설계 모듈을 수정하였다면 Project Navigator창에서 Run Synthesize를 실행시킨 후, 그림과 같이 Run Implementation을 실행시켜 새로운 소자와 핀 정보를 반영한 합성과 구현을 해 준다.

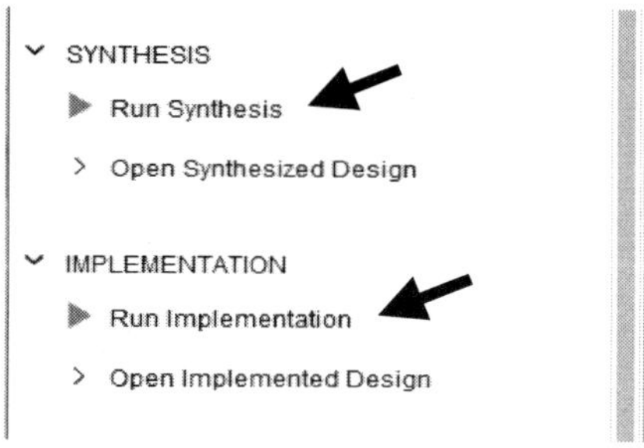

그림 3.15 Run Synthesis 및 Run Implementation 명령어 실행 화면

명령어를 실행시키는 방법은 명령어를 더블 클릭하거나, 왼쪽 마우스를 눌러 나오는 팝업 메뉴에서 'Launch~'을 선택하는 것이다.

Synthesis가 정상적으로 수행되면 아래 그림 3.16과 같은 화면이 팝업된다. 계속해서 Run Implementation을 실행시키려면 그것이 기본적으로 선택되어 있으므로 OK 버튼만 눌러주면 된다.

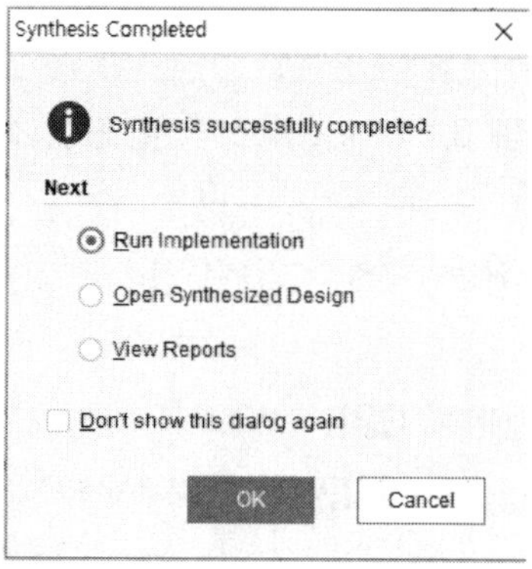

그림 3.16 Run Synthesis 실행 후 화면

Implementation 역시 오류 없이 잘 수행하고 나면 아래 그림과 같은 화면이 팝업된다. 여기서 설계자가 원하는 명령어를 선택하여 실행시킬 수 있다. 본 예제에서는 보통 다음 단계인 Generate Bitstream을 선택하고자 한다.

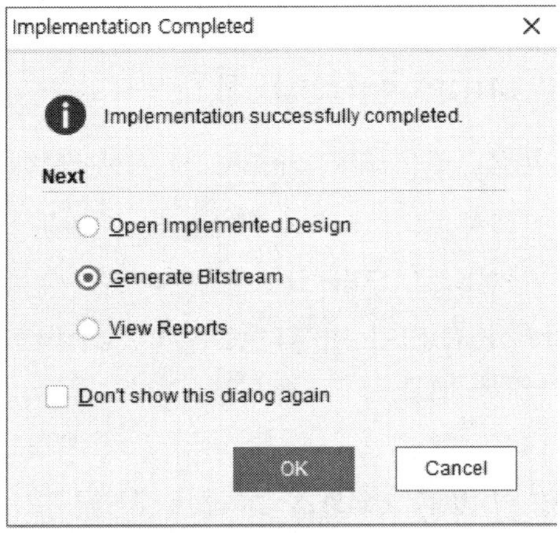

그림 3.17 Run Implementation 실행 후 화면

이 과정 역시 특별한 오류가 없으면 잘 실행되고 난 후, 아래 그림과 같은 화면이 팝업 된다. 그러나 때로는 노란색 표시의 경고나 빨간색 표시의 오류 등이 발생하기도 한다. 경고는 그 내용을 읽어 보고 보통 다음 단계로 나아갈 수 있는 반면, 오류가 발생한 경우에는 반드시 그 오류를 수정하여야만 다음 단계로 진행할 수 있다.

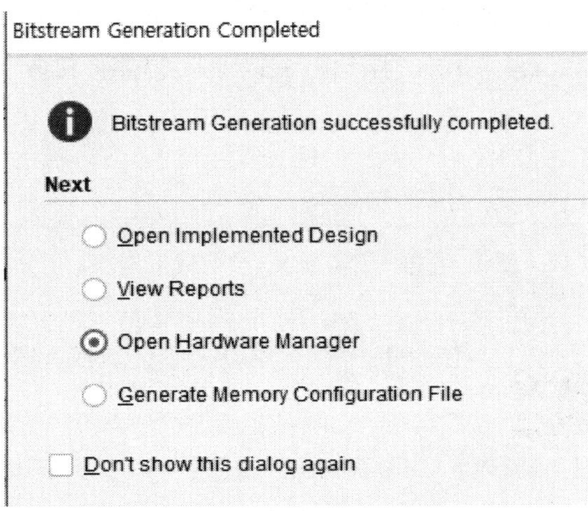

그림 3.18 Generate Bitstream 실행 후 화면

보통 위 과정 다음 단계는 Open Hardware Manager 명령어이다. 그러나 이 명령어를 실행시키기 전에 사용하는 PC와 FSK III를 USB 케이블로 연결시키고 FSK III의 전원을 켜야 한다. 따라서 아직 그런 준비가 안 되어 있으면 일단 Cancel을 선택하여 빠져 나온 후, 하드웨어를 연결해야 한다.

3.2.4 소자 프로그램(Configuration) 하기

여기서는 실제로 FPGA를 프로그램(configuration)하는 과정이다. 이를 위해서는 먼저 컴퓨터의 USB 포트와 FSK III의 마이크로 USB 포트를 제공되는 케이블을 이용하여 연결해 주고, FSK III의 파워를 켜면 컴퓨터에 자동으로 드라이버가 설치된다.

그림 3.19과 3.20에 컴퓨터와 FSK III가 연결된 모습과 드라이버가 설치되는 모습을 보여주고 있다.

* 컴퓨터 및 OS에 따라 다소 다를 수 있음.

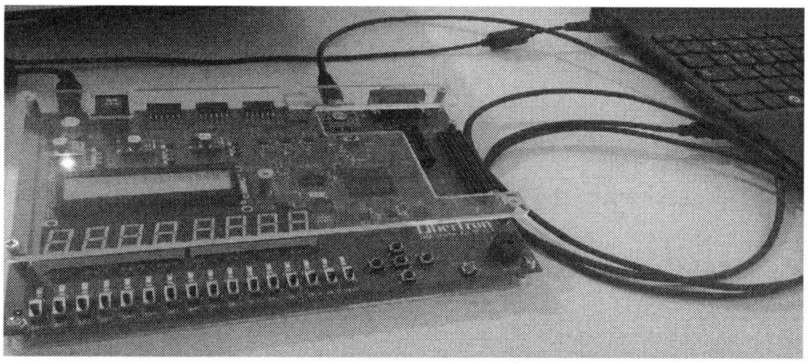

그림 3.19 컴퓨터와 FSK III가 연결된 모습

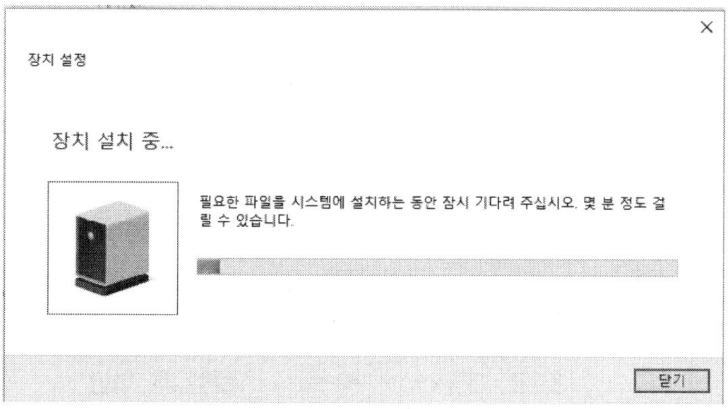

그림 3.20 컴퓨터에 드라이버를 설치하고 있는 화면

드라이버 설치가 완료되고 나면 Project Navigator의 가장 아래쪽에 있는 Open Hardware Manager 명령어를 실행시킨다.

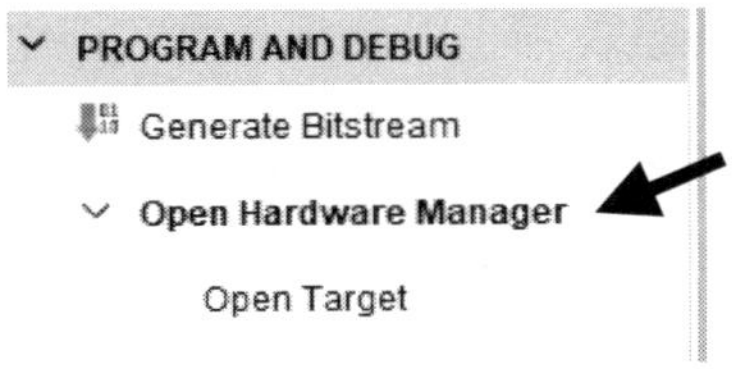

그림 3.21 Open Hardware Manager 명령어 실행 화면

그러면 아래 그림과 같은 화면이 나타난다. 나타난 화면에서 Open target 명령어를 클릭한 후 팝업된 메뉴에서 Auto Connect 명령어를 찾아 실행시킨다.

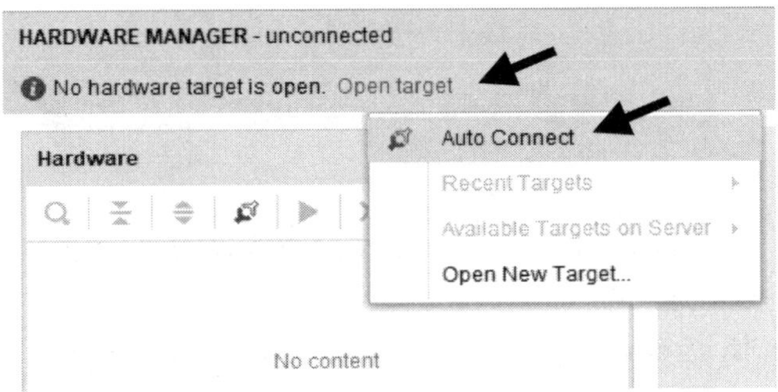

그림 3.22 Open target 및 Auto Connect 명령어 실행 화면

정상적으로 실행되면 Hardware Manager 창 밑에 Hardware 창에 비어 있던 부분이 아래 화면과 같이 바뀐다.

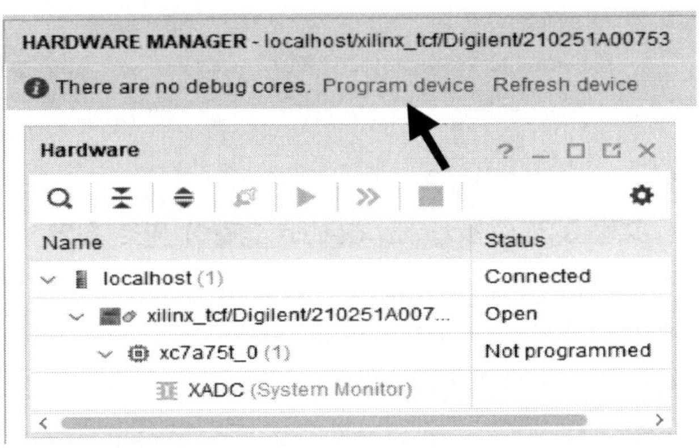

그림 3.23 Auto Connect 명령어 실행 후 화면

이제 위 화면에서 보이는 것처럼 Program device 명령어를 클릭해 주면 다음과 같이 Program device 명령어 대화 화면이 나타나는데, 여기서는 디바이스에 프로그램 시킬 .bit 파일을 찾아 지정해 주는 것이다. 보통 현재 작업하고 있는 프로젝트의 최근에 만든 .bit 파일을 자동적으로 나타내 주고 있다. 모든 것을 확인한 후, Program 메뉴를 선택해 준다.

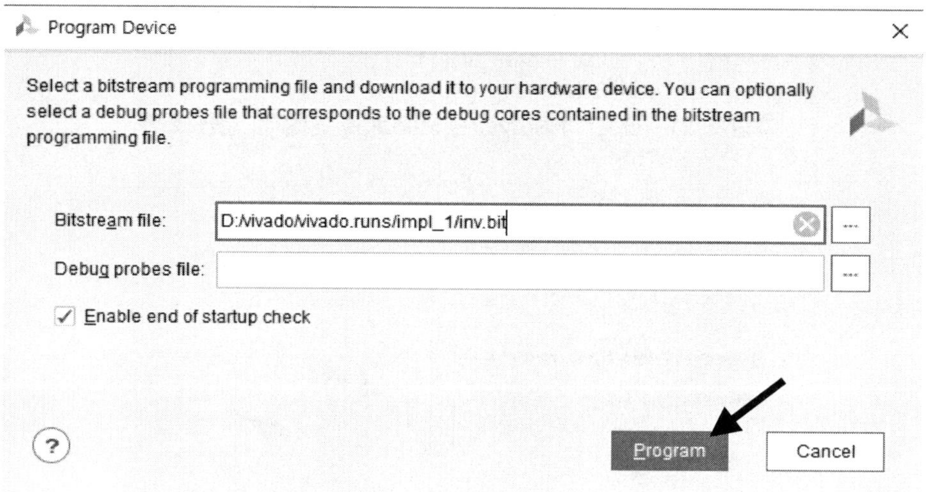

그림 3.24 Program device 명령어 대화 화면

정상적으로 실행되면 Hardware Manager 창 밑에 Hardware 창의 디바이스 부분이 아래 그림과 같이 선택된 상태가 되며, Status는 Programmed 라고 표시된다.

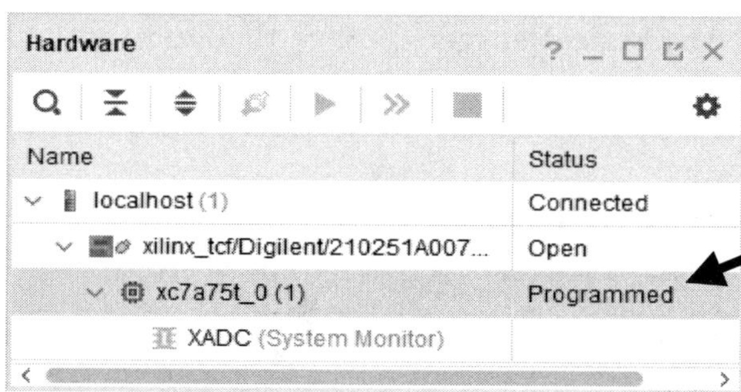

그림 3.25 Program device 명령어 완료 화면

또한 아래 그림의 왼편과 같이 FSK III 키트의 FPGA 칩 위편에 있는 DONE 램프에 불이 켜진다. 본 예제는 PUSH MID 버튼을 입력으로 받아, 그 값을 반전한 후, LED1으로 출력하는 코드였으므로 PUSH MID 버튼을 누르지 않았을 때는 그 값인 0이 입력되므로 출력신호에는 그 값이 반전된 1이 출력되므로 LED1에 불이 켜지고 있음을 볼 수 있다.

아래 오른편 그림은 PUSH MID 버튼을 눌렀을 경우 그 값이 1이 되므로 반전된 출력 값은 0이 되어 LED1이 꺼지고 있는 모습이다.

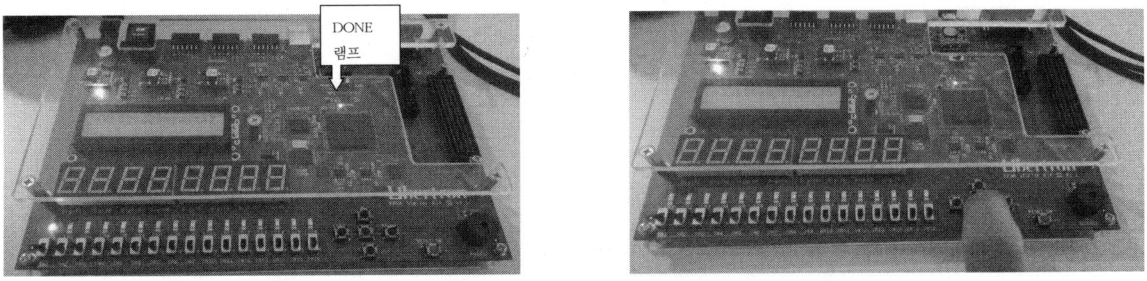

그림 3.26 Program device 완료 후 동작 검증 모습

3.3 PROM 프로그램 하여 동작시켜 보기

이제까지는 Xilinx FPGA를 프로그램 하는 과정에 대해 살펴보았다. 그런데 FPGA에 프로그램 한다는 것은 FPGA안의 SRAM에 정보를 써 넣는 것을 의미하기 때문에, 만약 FPGA의 전원을 차단했다 다시 켜면 그 내용이 지워져 버려 동작이 재연되지 않는다. 따라서 프로그램 과정을 반복 실행시켜 주어야 한다.

이와 같은 불편함을 해결하는 방법으로 PROM을 활용하는 방법이 있다. 즉, FPGA의 SRAM에 쓰여 질 정보를 먼저 PROM에 써 넣은 다음, 트레이닝 키트의 전원을 처음 켤 때 PROM으로부터 FPGA로 프로그램이 자동적으로 이루어지도록 하는 것이다. PROM에 쓰인 정보는 전원 차단에 상관없이 계속 유지되므로 키트의 전원을 껐다 켜도 같은 동작을 반복시킬 수 있다.

우선 XDC 파일을 수정해 주어야 한다. 아래 그림에 그 예를 보이고 있다.

Project Summary × | inv.xdc * ×

D:/vivado/vivado.srcs/constrs_1/new/inv.xdc

```
set_property -dict {PACKAGE_PIN G21 IOSTANDARD LVCMOS33} [get_ports a]
set_property  -dict {PACKAGE_PIN F15 IOSTANDARD LVCMOS33} [get_ports y]

set_property CONFIG_MODE SPIx4 [current_design]
set_property BITSTREAM.CONFIG.SPI_BUSWIDTH 4 [current_design]
```

그림 3.27 PROM Program을 위한 XDC 파일

위의 2줄은 앞 절에서 설명한 것과 같이 입출력 신호에 핀 할당을 하고 있는 것이고, 아래쪽 두 줄의 표현이 PROM을 활용하기 위해 추가해 줘야 하는 것이다. XDC 파일을 수정한 다음 아래 그림과 같이 Project Navigator의 아래 부분에 있는 Generate Bitstream 명령어를 실행시킨다.

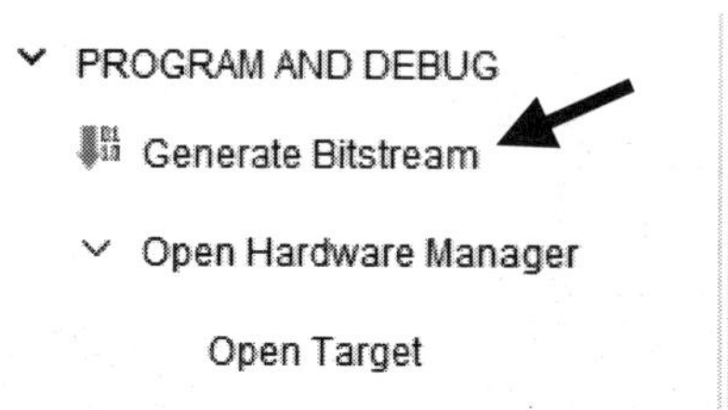

그림 3.28 Generate Bitstream 명령어 선택 화면

실행되고 나면 아래 그림과 같은 대화창이 팝업된다. 여기서 Generate Memory Configuration File을 선택해 준다.

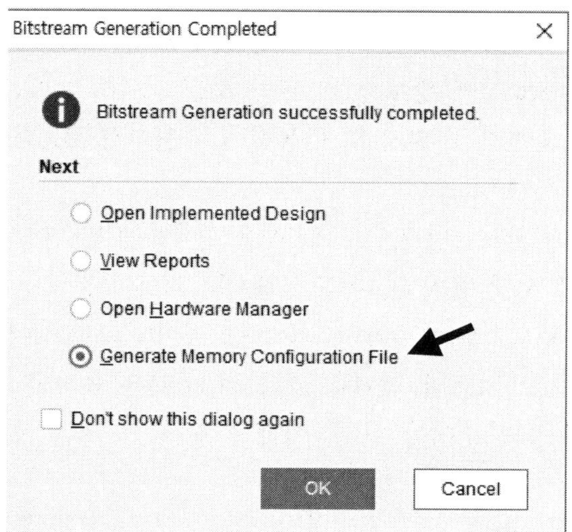

그림 3.29 Generate Memory Configuration File 명령어 선택 화면

이어 나온 화면에서 먼저 memory를 지정해 주어야 한다. memory part 맨 오른쪽에 있는  버튼을 눌러 준다.

그림 3.30 Memory Part 설정 화면

이어 나오는 화면에서 s25fl128sxxxxxx0-spi-x1_x2_x4를 찾아 지정해 준다.

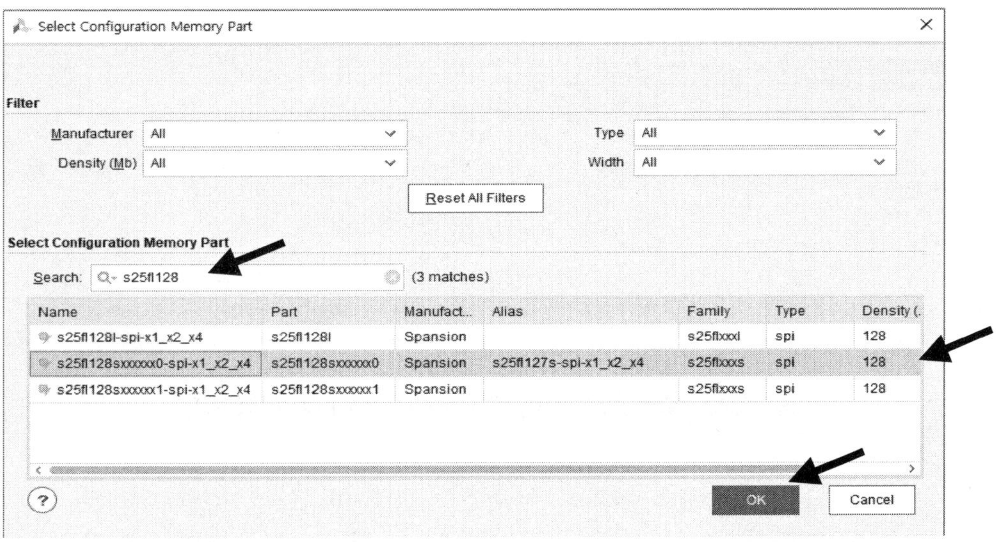

그림 3.31 Select Configuration Memory Part 설정 화면

이어서 생성되는 mcs 파일 이름도 지정해 준다. Custom memory size는 128로 지정해 준다. 인터페이스는 SPIx4 로 선택한다. 또한 Load Bitstream File 체크 박스를 체크하고 좀 전에 생성된 bit 파일도 찾아 선택해 준다. Overwrite도 체크해 준다. 이후 OK 버튼을 누르면 mcs 파일이 생성된다. 아래에 그 화면을 보이고 있다.

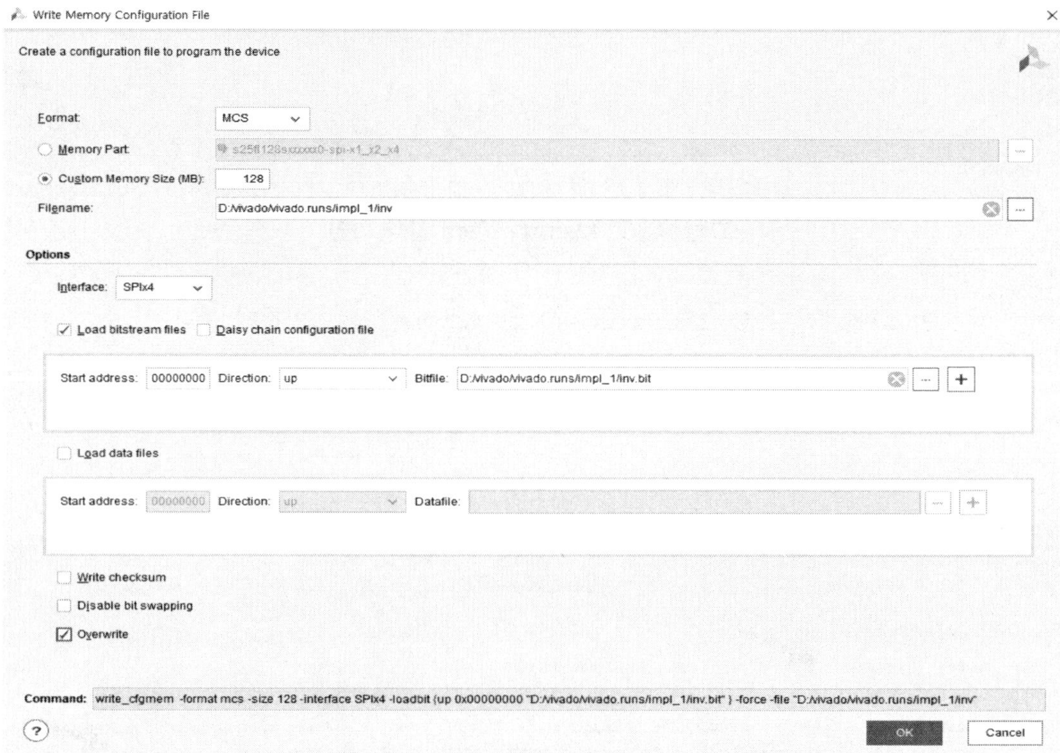

그림 3.32 Write Memory Configuration File 설정 화면

이제 PC와 FSK III를 micro usb cable로 연결한 후, FSK III 전원을 켠다. 그 다음 Hardware manager → Open Taget → Auto Connect 를 차례대로 실행시킨다. 그러면 처음에는 Hardware 창에 FPGA만 보인다.

Project Navigator 가장 아래쪽에 위치해 있는 Add Configuration Memory Device 명령어를 찾아 실행시킨다.

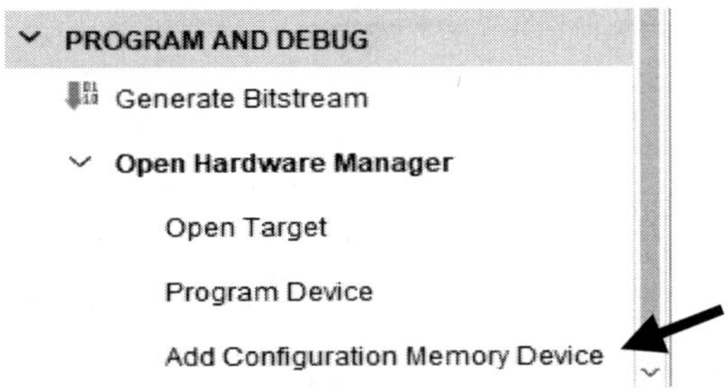

그림 3.33 Add Configuration Memory Device 명령어 실행 화면

이어 나타나는 Add Configuration Memory Device 대화 화면에서도 s25fl128sxxxxxx0-spi-x1_x2_x4를 찾아 지정해 준다.

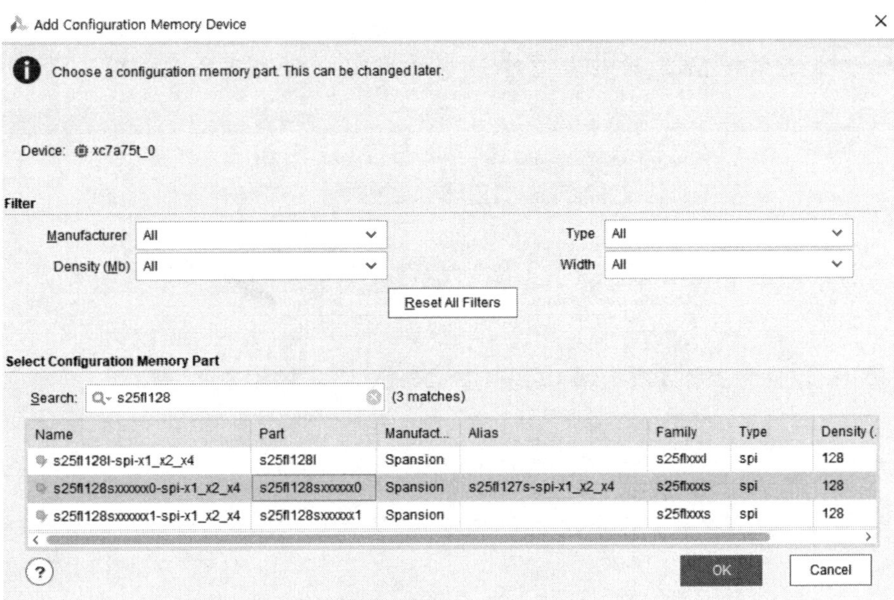

그림 3.34 Add Configuration Memory Device 명령어 대화 화면

그러면 Hardware 창이 바뀌면서 선택한 PROM이 보이게 되면서 아래 그림처럼 configuration memory device를 지금 program할 것인지를 묻는다. 여기서 "OK"를 선택한다.

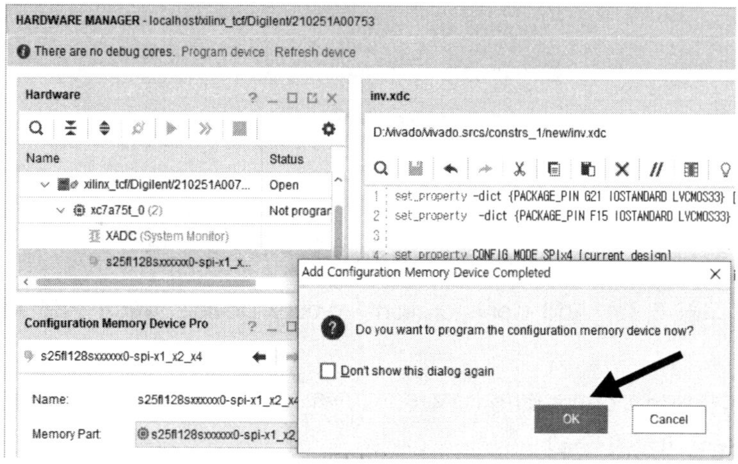

그림 3.35 Program Configuration Memory Device 명령어 선택 화면

이어 좀 전에 생성한 MCS 파일만 찾아 지정해 주고, OK 버튼을 누른다.

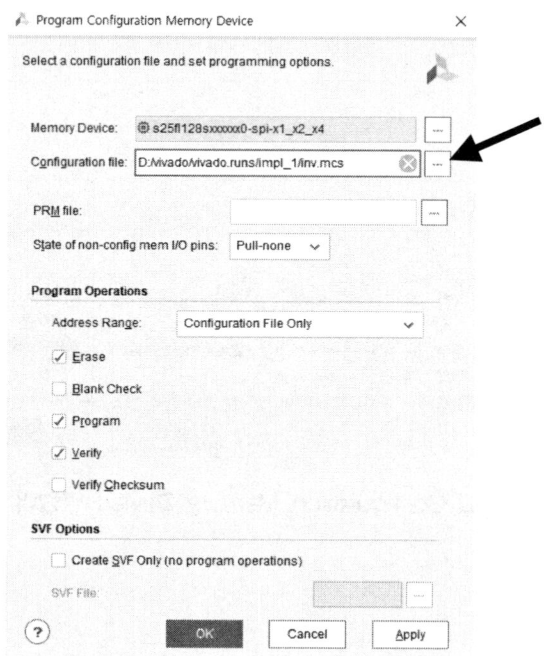

그림 3.36 Program Configuration Memory Device 명령어 대화 화면

그러면 flash memory에 write가 되면서 아래와 같은 진행 화면이 뜬다.

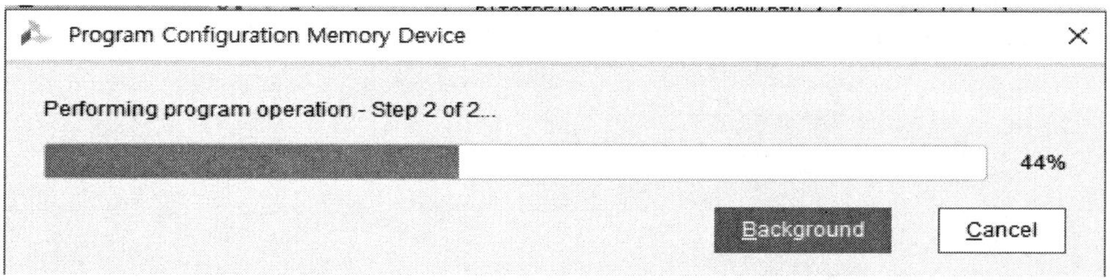

그림 3.37 Program Configuration Memory Device 명령어 진행 화면

아무런 오류 없이 프로그램이 끝나면 아래와 같은 화면이 뜬다.

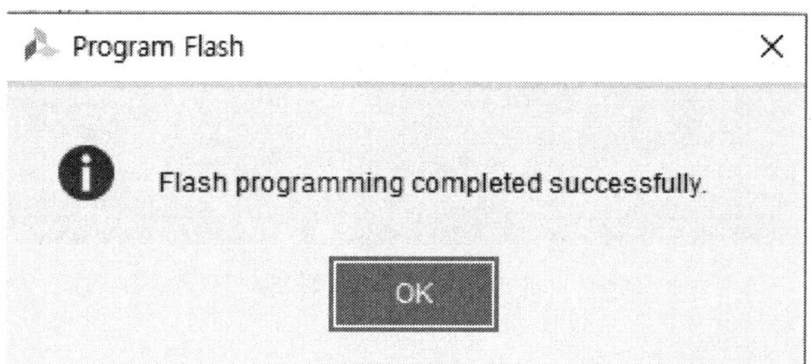

그림 3.38 Program Configuration Memory Device 명령어 완료 화면

그리고 FPGA 프로그램 때와 마찬가지로 FSK III 보드의 DONE 램프에 불이 들어온다. 그러나 그 때와는 다르게 LED1에는 불이 들어오지 않는 차이가 있다. 이것은 MCS 내용이 PROM에 프로그램된 것뿐이며, 아직 그 PROM으로부터 FPGA가 프로그램된 것은 아니기 때문이다. 이제 그 작업만 해 주면 된다.

다시 FSK III의 전원을 끄고, 보드 중간쯤에 있는 MODE 스위치(그림 3.39 참조)를 JTAG(오른쪽)에서 SPI(왼쪽)으로 바꾸어 준 후, 전원을 다시 켜면 동작을 한다.

본 예제의 경우 인버터 설계였으므로 flash memory로부터 program이 오류 없이 이루어지면 잠시 후 done LED 및 led1에 불이 켜진다.

입력 신호 a가 연결된 PUSH MID 버튼을 입력으로 받아, 그 값을 반전한 후, LED1으로 출력하는 코드였으므로, PUSH MID 버튼을 누르지 않았을 때의 값인 0이 입력되므로 출력신호에는 반전된 값인 1이 출력되므로 LED1에 불이 켜지게 된 것이다. 물론 여기서 PUSH MID 버튼을 누르면 반대로 LED1에 불이 꺼짐을 볼 수 있다. 정상적인 인버터 동작을 하는 것이다.

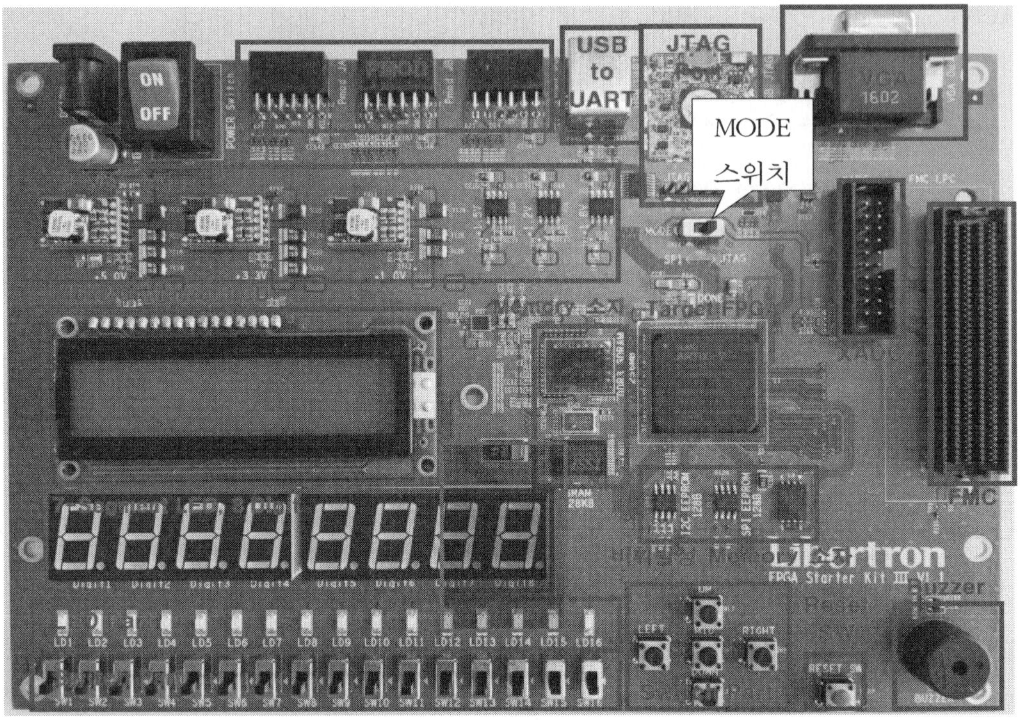

그림 3.39 MODE 스위치 (좌:SPI, 우:JTAG)

전원을 여러 번 껐다 켜도 이 동작은 계속 정상적으로 실행된다. 이 PROM에 의한 동작은 특별한 경우에만 사용하고, 보통 때에는 FPGA에 JTAG으로 직접 써서 동작시키는 것으로 실습한다. 그것이 상대적으로 절차가 간단하기 때문이다.

4장 Verilog-HDL을 이용한 설계

4.1 Verilog-HDL 개요

Verilog-HDL은 1983년 매사추세츠 Acton에 위치한 "Gateway Design Automation"에서 Prabhu Goel에 의해 개발되었다. 1985년에 Verilog-XL이라고 불리는 시뮬레이터 제품으로 EDA 시장에 발표되었다. Gateway Design Automation은 Verilog-XL의 성공으로 빠르게 발전하였으며, 1989년 Cadence Design System이 인수하였다. 1995년에는 Verilog HDL는 IEEE standard 1364로 채택되었다.

정식 명칭은 Verilog-HDL이지만 보통은 간단히 Verilog라고 부른다. 따라서 본 교재에서도 그 둘을 혼용하여 사용하고 있음을 밝혀 둔다.

표 4.1에 Verilog-HDL의 발전 역사를 간략하게 정리하여 보았다.

표 4.1 Verilog-HDL의 발전 역사

년도	주요 내용
1981	Gateway Design Automation이 설립
1983	Gateway Design Automation에서 Verilog-HDL와 simulator를 발표
1985	Verilog-HDL의 언어적 특성과 simulator의 기능을 향상시켜 Verilog-XL을 발표
1989	Cadence가 Gateway Design Automation을 인수
1995	IEEE standard 1364로 채택

표 4.2 회로도 및 Verilog 방식 설계 비교

항 목	회로도 방식	Verilog 방식
설계 시간	상대적으로 많이 걸림	상대적으로 적게 걸림
설계 용이성	논리설계 능력필요, 복잡해질수록 많이 어려워짐	동작을 이해하면 비교적 쉽게 기술 가능
설계 이해	설계자 이외에는 이해하기 어려움	다른 사람도 비교적 쉽게 이해
설계 변경	설계자도 변경이 쉽지 않음	다른 사람도 쉽게 변경 가능
설계 이식성	라이브러리나 툴을 바꾸려면 쉽지 않음	비교적 쉽게 다른 것으로 바꿀 수 있음
문서화 작업	별도의 기술 문서를 작성해야 하는 부담	설계용 Verilog 코드를 기술 문서로서 활용 가능

Verilog 같은 하드웨어 기술 언어를 이용하여 새로운 하드웨어를 설계하는 방식은 그 이전까지의 방식이었던 회로도를 이용한 방식과 비교할 때 여러 면에서 다르다.

표 4.2에 이 두 가지 설계 방식의 차이점을 비교해 정리하였다.

4.2 Verilog-HDL 설계 방식

이 절에서는 Verilog-HDL을 이용한 설계방식을 간단하게 설명하고자 한다. Verilog-HDL 전체 문법이나 개념 등의 내용은 다소 복잡하고 분량도 많다. 따라서 본 부록에서는 Verilog-HDL의 세부적인 내용에 대한 내용은 생략하고자 한다. 따라서 더 필요한 부분은 Verilog-HDL에 대한 전문 서적을 참고하기 바란다.

여기서는 실제로 Verilog-HDL 설계자가 설계할 때 주로 사용되는 내용들을 설명하고자 한다.

Verilog의 기본 단위는 모듈(module)로 이루어진다. 모듈은 기본적인 설계 블록을 말하며, 요소 또는 하위 수준 설계 블록의 집합이다. 모듈의 시작은 키워드 module로 정의되며 마지막에는 반드시 키워드 endmodule이 와야 한다. 또한 각 모듈은 모듈 이름과 모듈의 입출력 포트 선언의 리스트를 가져야 한다.

```
module 〈모듈 이름〉 (〈모듈 포트 리스트〉)
    〈포트선언〉
     ...........
    〈모듈 내용〉
     ...........
endmodule
```

그림 4.1 모듈의 구조

NOT 게이트를 예를 들어 설명해보면,

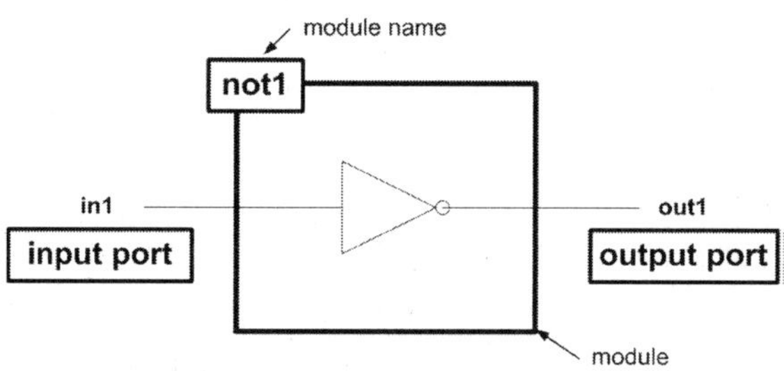

그림 4.2 NOT 게이트 모듈 회로도

```
module not1 (in1, out1)
    input  in1;
    output out1;

assign out1 = ~in1;

endmodule
```

그림 4.3 NOT 게이트 설계 예제

◆ **모듈 이름 〈not1〉**

내가 설계할 모듈의 이름표를 말한다.

모듈 이름은 사용자가 임의로 지정할 수 있지만, 다음 다섯 가지의 제약이 있다.

① 영문자, 숫자, under bar(_), $만 사용이 가능하다.

② 반드시 시작은 영문자나 under bar(_)만 사용이 가능하다.

③ 빈칸은 사용할 수 없다.

④ 대소문자 구분한다.

⑤ Verilog에서 지정한 예약어(키워드)는 사용할 수 없다.

◆ **포트 리스트 〈(in1, out1)〉**

모듈의 포트 리스트는 모듈의 입출력 포트들을 모두 보여준다.

구조적 모델링에서 상위 module에서 하위 module(인스턴스)을 불러들일 때 포트 리스트에 있는 내용을 참조한다.

◆ **포트 선언 〈 input in1; output out1; 〉**

포트리스트에 선언된 포트들의 속성(입출력)을 선언한다.

◆ **모듈 내용 〈assign out1 = ~in1;〉**

실제 설계 모듈 회로 동작을 기술해주는 부분이다.

보통 모듈 회로 동작을 기술하는 개념에는 3가지 방법이 있다.

1) **데이터 흐름 모델링(Data flow modeling)**

데이터의 흐름으로서 회로를 모델링 한다. 설계자는 레지스터 사이의 데이터 흐름과 데이터가 어떻게 처리 되는지를 알고 설계 하여야 한다. 아래 예제에서 볼 수 있듯이 회로도를 그리는 것처럼 기술하여 디자인하게 된다. 복잡한 논리회로 같은 경우엔 코드에 대한 이해가 쉽지 않으므로, 주로 전체 동작이 파악된 작은 조합 논리 회로(combinational logic)에 사용하는 것이 좋다.

아래 그림 4.4에서 데이터 흐름 모델링 방식에 의한 Verilog 구문의 예를 보였다.

```
module ha (a, b, s, c);
input a, b;
output s, c;

assign s = a ^ b;      // a와 b를 XOR 연산하여 결과를 출력포트 s에 출력한다.
assign c = a & b;      // a와 b를 AND 연산하여 결과를 출력포트 c에 출력한다.

endmodule
```

그림 4.4 데이터 흐름 모델링으로 설계한 반가산기

2) 동작적 모델링 (behavioral modeling)

회로가 어떻게 동작하는지를 기술해주는 방식이다. 좀 더 추상화된 상위 수준의 회로 동작 기술이 가능하다. C 프로그래밍과 매우 유사하다. 따라서 하드웨어를 기술해주는 언어인 Verilog를 프로그래머가 더욱 설계하기 쉽도록 해준다. 데이터 흐름 모델링에 비하여 프로그래머가 이해하기 쉬우므로 이 방식으로 주로 코딩하게 된다.

그림 4.5에 반가산기에 대한 동작적 모델링 방식에 의한 Verilog 구문의 예를 보였다.

```
module ha (a, b, s, c);
input a, b;
output s, c;

reg s, c;

always @(a, b)
begin
        if      (a == 0 && b == 0) begin s = 0; c = 0; end
        else if (a == 0 && b == 1) begin s = 1; c = 0; end
        else if (a == 1 && b == 0) begin s = 1; c = 0; end
        else begin s = 0; c = 1; end
end

endmodule
```

그림 4.5 동작적 모델링으로 설계한 반가산기

그림 4.5에서 알 수 있듯이 2 비트의 a, b 입력을 가산해주는 동작을 우리가 익숙한 C 프로그래밍과 같은 if~else~ 구문으로 기술하여, 어떠한 회로의 내부 구조인지는 모르지만 동작에 대한 이해만 있어도 설계하는데 어려움이 없다는 것을 알 수 있다.

3) 구조적 모델링(structure modeling)

이 모델링은 회로도의 계층적 설계(hierarchical design)에 대응되는 방식이라고 하겠다. 즉, 여러 sub module(하층 설계 블록)의 연결로 표현하는 방식이다. Verilog 설계에서 최상위층 설계(top level design)에서 사용된다.

그림 4.6에서는 전가산기에 대한 구조적 모델링 방식에 의한 Verilog 구문의 예를 보였다. 구조적 모델링으로 설계하기 위해서는 앞에서 설계한 반가산기 두 개와 OR 게이트로 구성된다는 것을 알고 있다는 가정 하에서 기술할 수 있는 것이다. 예제 코드의 Cout은 데이터 흐름 모델링을 이용, 표현하였다.

```
module top_fulladder (A, B, Cin, S, Cout);
input A;
input B;
input Cin;
input S;
output Cout;          // 입출력 포트 선언

wire s1, c1, c2;      // 내부 신호선 s1, c1, c2를 선언

ha h1 (A, B, s1, c1);    // 인스턴스 h1를 포트리스트 순서대로 연결하는 방법
ha h2 (.a(s1), .b(Cin), .c(c2), .s(S)); // 인스턴스 h2를 이름으로 하나씩 직접
                                         // 연결하는 방법, 순서가 바뀌어도 됨.
assign Cout = c1 | c2;

endmodule
```

그림 4.6 반가산기를 인스턴스로 불러들여 설계한 전가산기 예제

위의 그림 4.6에서 ha라는 모듈은 하층 설계 블록으로 h1, h2라는 인스턴스(instance)를 두 개를 가지고 있는 것을 볼 수 있다. 인스턴스를 최상층 설계 모듈에서 불러오는 방법에는 두 가지 방식이 있다.

첫 번째로는 h1 인스턴스를 불러오는데 사용한 것처럼 포트 리스트의 순서대로 top_fulladder의 포트와 와이어에 연결해주는 방식이 있고, 두 번째로는 h2 인스턴스를 불러오는데 사용한 것처럼 각각의 ha의 포트를 top_fulladder의 포트와 이름을 가지고 일일이 직접 연결해주는 방식이다.

전자와 같은 방식은 포트를 순서대로 입력하므로 쉽게 하위 모듈을 연결할 수 있지만, 포트가 여러 개 연결하기 위해서는 하층 설계 블록의 포트 리스트 순서를 정확하게 알고 있어야 하기 때문에 신중히 기술하여야 한다. 후자의 경우는 여러 포트를 일일이 연결해 주어 번거로울 수 있으나 순서를 신경 쓰지 않아도 된다.

위에서 구조적 모델링으로 설계한 예제를 그림 4.7에서 간단하게 표시하였다. 구조적 모델링 예제에서 알 수 있듯이 각 인스턴스의 포트들 간의 연결은 wire로 선언된 신호선 s1, c1, c2으로 이루어진다. 하층 설계 블록(인스턴스 h1과 h2)의 입출력포트는 최상층 설계 블록의 내부 신호선이나 전가산기의 입출력 포트와 연결되어 top_fulladder를 만든다.

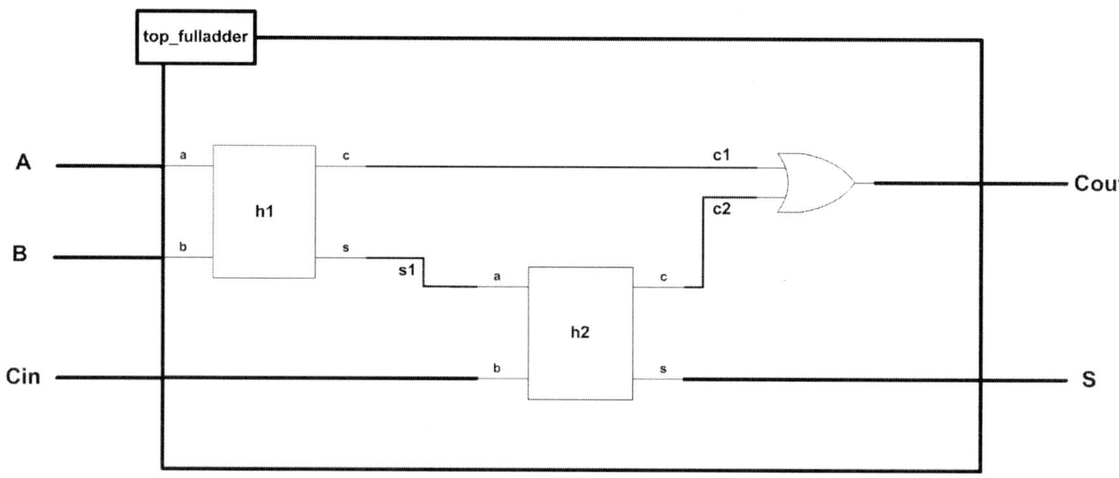

그림 4.7 전가산기의 최상층에서 바라본 회로도

02 디지털 조합회로 설계

5장 기본 게이트 – NOT, AND, OR

5.1 NOT 게이트

NOT 게이트 또는 Inverter라고도 불리는 게이트는 반전 또는 보수화 연산을 수행하는 논리회로이다. 이 게이트는 하나의 입력과 하나의 출력을 갖는데 이것이 하는 기능은 입력신호를 반전시키는 것이다. 즉, 입력이 1 상태이면 출력은 0 상태가 되고, 또 입력이 0 상태이면 출력은 1 상태가 된다. NOT 게이트의 진리표는 표 5.1에 보였고, 회로도는 그림 5.1에 보였다.

표 5.1 NOT 진리표

in1	out1
0	1
1	0

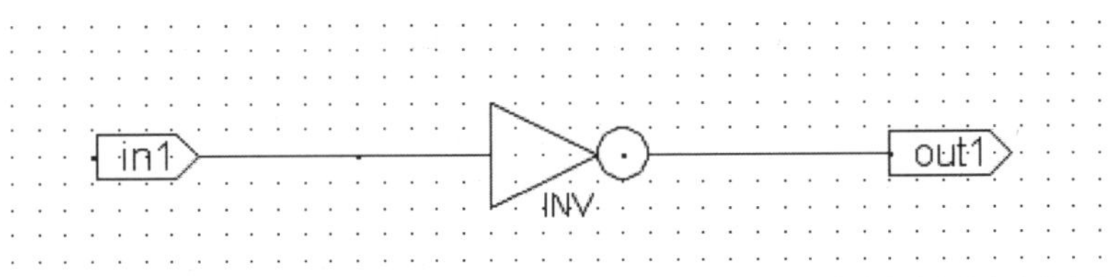

그림 5.1 NOT 게이트 회로

이 NOT 게이트에 대한 Verilog 설계 소스를 그림 5.2에 보였다. 간단한 동작이므로 데이터 흐름 모델링 방식을 택하였다.

```
module inv1 (
    input  in1,
    output out1 );

assign out1 = ~in1;       // in1을 반전하여 출력포트 out1에 출력

endmodule
```

그림 5.2 NOT 게이트의 Verilog 코드

위 NOT 게이트는 연속 할당문(assign)을 이용하여 input port in1을 반전시켜 output port인 out1에 할당한다. 연속 할당문은 보통 조합 회로(combinational logic)를 설계할 때 사용된다.

보통 데이터 흐름 모델링 (data flow modeling) 설계 시 사용된다.

위와 같이 설계된 Verilog 모듈을 역시 Verilog로 서술된 테스트 벤치로 시뮬레이션 한다. 그 방법은 2장에 자세히 설명해 놓았다. 그림 5.3에 완성된 Verilog 테스트 벤치 코드 부분을 보였다. 입력 신호 'in1'을 주기 100 ns의 클록 신호로 만들었다. 최초의 실습이라 코드를 많이 보였다.

하나의 프로젝트 안에서 여러 개의 설계 파일을 작업할 때에는 그림 5.4와 같이 해당되는 파일 이름 위에서 오른쪽 마우스를 누르면 나타나는 팝업 메뉴 중에서 Set as Top 명령어를 사용하여 Top으로 지정해 주어야 한다.

시뮬레이션이 완료되면 그림 5.5와 같은 결과 파형을 얻을 수 있다. 정확하게 out1 출력은 in1 입력을 반전시켜 출력되고 있음을 볼 수 있다.

```
`timescale 1ns/1ns              // 시뮬레이션 단위시간을 1ns로 설정
module inv1_tb();

// Inputs
    reg in1;

// Outputs
    wire out1;

// 설계자가 설계한 inv1 블록을 인스턴스로 테스트벤치에서 불러옴.
    inv1 uut (
        .in1(in1),
        .out1(out1)
        );

// Initialize Inputs
    initial begin
      in1 = 0;      // 시뮬레이션 시작 시 in1의 초기값 지정
    #1000 $stop;  // 시뮬레이션을 시작하여 1000ns 후 시뮬레이션 중단
    end

    always  #50 in1 = ~in1;    // 50ns마다 '1'과 '0'이 반복


endmodule
```

그림 5.3 NOT 게이트의 Verilog 테스트 벤치 코드

위에서 보면 반복되는 입력 값(예: 클럭)에 대해서는 always구문을 사용하였고, 반복되지 않는 입력 값(예: 한번만 실행하는 reset 등과 같은 신호)인 경우에는 initial을 사용하고 있음을 알 수 있다.

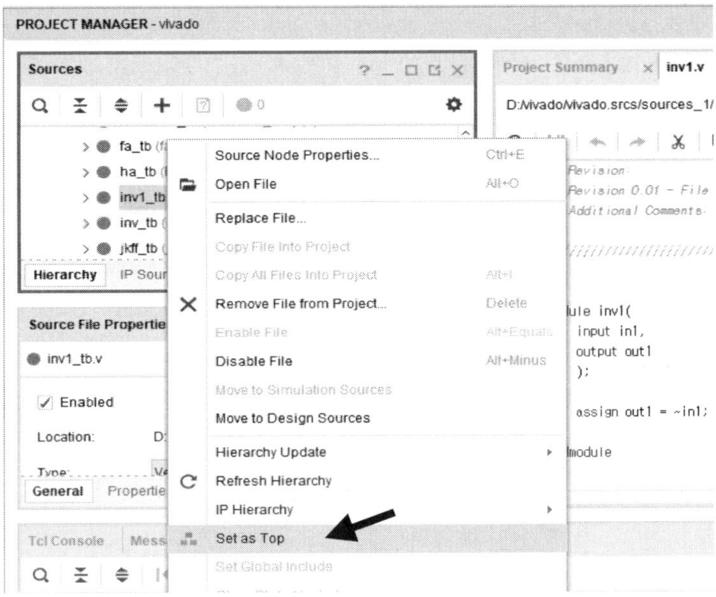

그림 5.4 Set as Top 명령어 화면

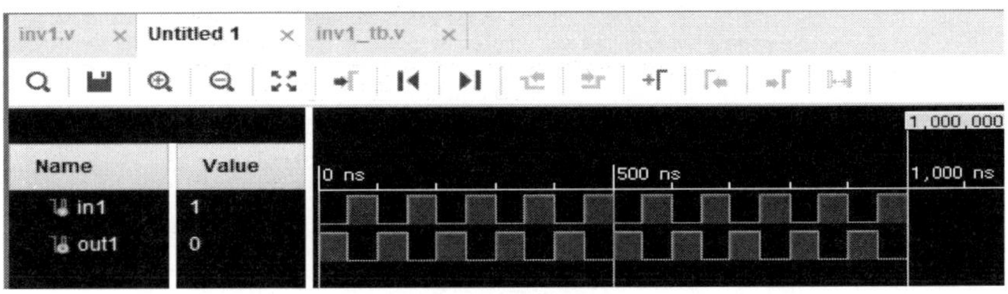

그림 5.5 NOT 게이트의 시뮬레이션 결과 파형

설계가 완료되면 3장에서 설명한 내용을 참조하여 동작 검증을 해보자. 이때 입출력 신호에 대한 핀 할당은 아래 표 5.2와 같이 한다.

표 5.2 NOT의 핀 할당

입력			출력		
신호 이름	키트 이름	핀 번호	신호 이름	키트 이름	핀 번호
in1	PUSH_SW_MID	G21	out1	LD1	F15

위와 같은 정보를 가지고 Constraints 파일인 XDC 파일을 편집하고, 그것이 반영되도록 Synthesis 와 Implementation을 실행시킨다. 그 후 Bitstream 파일(.bit 파일)을 생성한 후, FSK

III 키트를 컴퓨터와 연결시킨다.

Open Hardware Manager를 실행시켜 Xilinx FPGA (xc7a75tfgg484)를 프로그램(configure)한다.

오류 없이 완료되면 이제 키트의 PUSH_SW_MID 푸시 스위치를 눌렀다 떼+

었다 해 본다. 스위치를 누르지 않았을 때 LD1이 불이 켜지고, 누를 때 불이 꺼지면 정상적으로 설계된 것이 검증되는 것이다.

5.2 AND 게이트

AND 게이트는 기본적인 논리 게이트 중의 하나이다. 이것은 모든 입력이 1 상태일 때만 출력이 1 상태로 되는 게이트로 정의한다. 2개의 입력을 갖는 AND 게이트의 대한 진리표는 표 5.3과 같으며, 논리 회로도는 그림 5.6에 보였다.

표 5.3 AND 게이트 진리표

입력		출력
in2	in1	out1
0	0	0
0	1	0
1	0	0
1	1	1

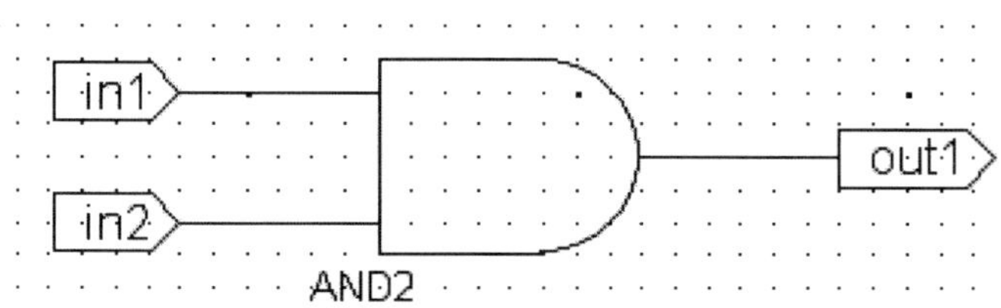

그림 5.6 AND 게이트의 회로도

2-입력 AND 게이트에 대한 Verilog 코드 설계 역시 Verilog에서 제공하는 & 연산자를 사용하여 간단히 기술할 수 있다. 그림 5.7에 그 코드를 보였다.

```
module and2(
      input  in1,
      input  in2,
      output out1);

assign out1 = in1 & in2;        // 입력 in1과 in2를 AND 연산하여 out1에 출력

endmodule
```

그림 5.7 AND 게이트의 Verilog 코드

Verilog 테스트 벤치를 작성하여 시뮬레이션을 하면 그림 5.8과 같은 결과 파형을 얻는다. 입력 in1은 주기 100 ns의 클록으로, 입력 in2는 주기 200 ns의 클록으로 만들어 주었다. out1 출력에는 in1 입력과 in2 입력의 논리 AND 연산을 한 결과가 정확하게 출력되고 있음을 볼 수 있다.

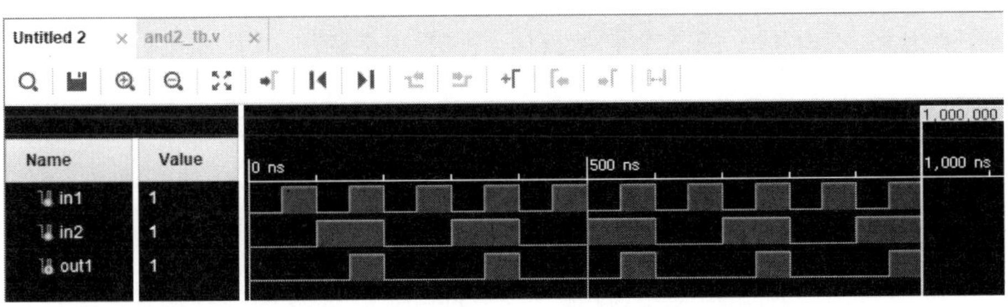

그림 5.8 AND 게이트의 시뮬레이션 결과 파형

설계가 완료되면, 트레이닝 키트를 활용하여 동작 검증을 한다. 이때 입출력 신호에 대한 핀 할당은 아래 표 5.4와 같이 하여 준다.

표 5.4 AND 게이트의 핀 할당

입력			출력		
신호 이름	키트 이름	핀 번호	신호 이름	키트 이름	핀 번호
in2	PUSH_SW_LEFT	D21	out1	LD1	F15
in1	PUSH_SW_RIGHT	G22			

위와 같은 정보를 가지고 Constraints 파일인 XDC 파일을 편집하고, 그것이 반영되도록 Synthesis 와 Implementation을 실행시킨다. 그 후 Bitstream 파일(.bit 파일)을 생성한 후, FSK III 키트를 컴퓨터와 연결시킨다.

Open Hardware Manager를 실행시켜 Xilinx FPGA (xc7a75tfgg484)를 프로그램(configure)한다.

오류 없이 완료되면 이제 키트상의 PUSH_SW_LEFT 스위치와 PUSH_SW_RIGHT 스위치를 입력으로 하고, 그 둘의 AND 논리 연산을 한 결과가 LD1에 나타날 것이다.

즉, 스위치를 하나도 안 누르거나 둘 중에 하나만 누를 때에는 LD1이 안 켜지고, 둘 모두를 누를 때만(입력 값이 모두 1일 때만) 그 값이 1이 되므로 출력 역시 1이 되어 불이 켜지게 됨을 볼 수 있을 것이다.

5.3 OR 게이트

OR 게이트는 1개의 출력과 2개 혹은 그 이상의 입력을 갖는 논리 게이트이다. 출력 신호는 입력 신호의 조합 상태에 의해서 결정된다. OR 게이트는 입력 중에서 1개 이상의 입력이 1 상태로 될 때 출력이 1 상태로 되는 논리 연산 기능을 갖는 회로로 정의된다. 2개의 입력을 갖는 OR 게이트의 진리표는 표 5.5와 같으며, 논리 회로도는 그림 5.9에 보였다.

표 5.5 OR 게이트 진리표

입력		출력
IN2	IN1	OUT1
0	0	0
0	1	1
1	0	1
1	1	1

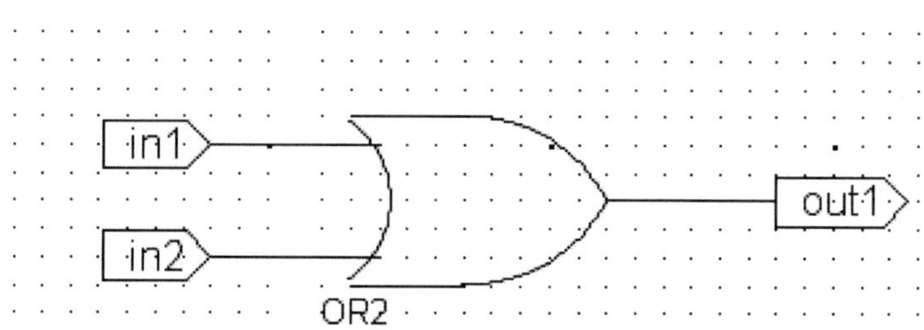

그림 5.9 OR 게이트의 회로도

2-입력 OR 게이트에 대한 Verilog 코드 설계 역시 Verilog에서 제공하는 연산자인 |를 사용하여 간단히 기술할 수 있다. 그림 5.10에 그 코드를 보였다.

```
module or2 (
    input in1,
    input in2,
    output out1 );

assign out1 = in1 | in2;      //  in1과 in2를 or하여 out1에 출력

endmodule
```

그림 5.10 OR 게이트의 Verilog 코드

Verilog 테스트 벤치를 작성하여 시뮬레이션을 하면 그림 5.11과 같은 결과 파형을 얻는다. 역시 입력 in1은 주기 100 ns의 클록으로, 입력 in2는 주기 200 ns의 클록으로 만들어 주었다. out1 출력에는 in1 입력과 in2 입력의 논리값을 OR 연산한 결과가 정확하게 출력되고 있음을 볼 수 있다.

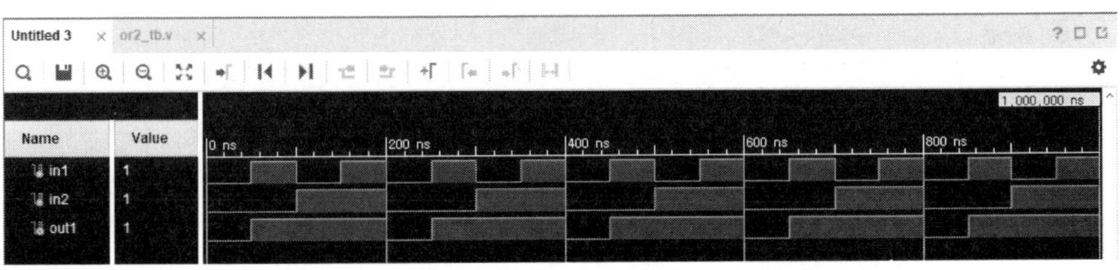

그림 5.11 OR 게이트의 시뮬레이션 결과 파형

설계가 완료되면, 트레이닝 키트를 활용하여 동작 검증을 한다. 이때 입출력 신호에 대한 핀 할당은 아래 표 5.6와 같이 하여 준다.

표 5.6 OR 게이트의 핀 할당

입력			출력		
신호 이름	키트 이름	핀 번호	신호 이름	키트 이름	핀 번호
in2	PUSH_SW_LEFT	D21	out1	LD1	F15
in1	PUSH_SW_RIGHT	G22			

위와 같은 정보를 가지고 Constraints 파일인 XDC 파일을 편집하고, 그것이 반영되도록 Synthesis 와 Implementation을 실행시킨다. 그 후 Bitstream 파일(.bit 파일)을 생성한 후, FSK III 키트를 컴퓨터와 연결시킨다.

Open Hardware Manager를 실행시켜 Xilinx FPGA (xc7a75tfgg484)를 프로그램(configure) 한다.

오류 없이 완료되면 이제 키트상의 PUSH_SW_LEFT 스위치와 PUSH_SW_RIGHT 스위치를 입력으로 하고, 그 둘의 OR 논리 연산을 한 결과가 LED〈0〉에 나타날 것이다.

즉, 스위치를 하나도 안 눌렀을 경우에는 LED〈0〉가 켜지고, 둘 중 하나라도 누르게 되면 (입력값이 하나라도 1일 경우) 출력값이 1이 되어 불이 켜지게 됨을 볼 수 있을 것이다. 물론 둘 다 누를 경우에도 켜진다.

〈연습문제〉

XOR (Exclusive-OR) 게이트를 설계하라. 신호 이름과 핀 할당은 아래 표 5.7을 참조하여라.

표 5.7 XOR 게이트의 신호 이름과 핀 할당

입력			출력		
신호 이름	키트 이름	핀 번호	신호 이름	키트 이름	핀 번호
in1	PUSH_SW_LEFT	D21	out1	LD1	F15
in2	PUSH_SW_RIGHT	G22			

6장 반가산기와 전가산기

6.1 반가산기

반가산기(Half Adder)는 덧셈(뺄셈) 연산에서 가장 기본이 되는 회로이다. 반가산기는 두 개의 입력비트와 두 개의 출력비트를 갖는다. 출력으로는 2개의 입력 값이 더하여진 값(s)와 상위비트로 올라가는 값인 캐리(c)가 있다. 표 6.1에 반가산기의 입출력 사이의 관계를 진리표로 나타내었다. 먼저 입력 값 중 어느 하나만 1일 때 그 더해진 값은 1값을 갖는다. 또, 두 입력 모두가 1일 때만 캐리가 1이 됨을 알 수 있다. 따라서 이를 회로도로 나타내면 그림 6.1과 같이 될 것이다.

표 6.1 반가산기 진리표

입력		출력	
a	b	c	s
0	0	0	0
0	1	0	1
1	0	0	1
1	1	1	0

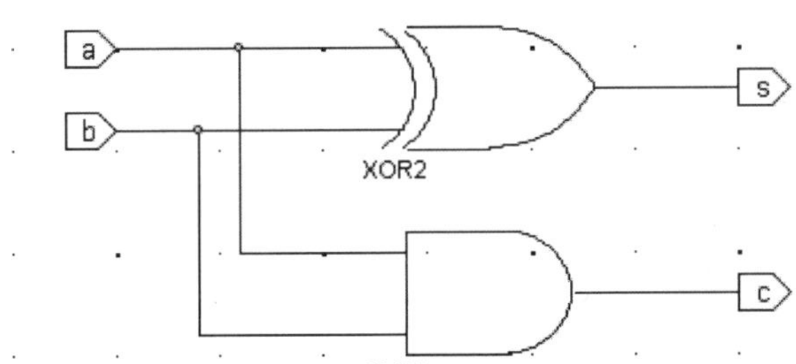

그림 6.1 반가산기의 회로도

그림 6.2의 반가산기의 Verilog 모델링은 표 6.1의 반가산기의 진리표를 구현한 것으로, 입력 신호로는 a, b이고, 출력신호는 s, c로 구성된다. 여기서 s의 값은 a와 b를 exclusive OR 연산한 값으로 표현이 된다. 또한 c는 a와 b의 AND 연산한 값으로 표현이 된다. 이 역시 Dataflow

모델링 기법으로 설계되었다.

그림 6.3과 같은 Verilog 테스트 벤치를 작성하여 시뮬레이션하게 되면 그림 6.4과 같은 출력 파형을 얻게 되는데, 이 파형을 살펴보면 Verilog 모듈 설계가 이상 없이 잘 되었음을 확인할 수 있다.

입력 a는 주기 100 ns의 클록으로, 입력 b는 주기 200 ns의 클록으로 만들어 주었다.

```
module ha(
     input a,
     input b,
     output s,
     output c );

assign s = a ^ b;          // 입력 a과 b를 XOR하여 s에 출력
assign c = a & b;          // 입력 a과 b를 AND하여 c에 출력

endmodule
```

그림 6.2 반가산기의 Verilog 코드

```
`timescale 1ns / 1ps

module ha_tb();

     reg a, b;
     wire s, c;

     ha uut (
          .a(a), .b(b),
          .s(s), .c(c)
          );

     initial begin
       a = 0; b = 0;
     #1000 $stop;
     end

     always #50  a = ~a;
     always #100  b = ~b;

endmodule
```

그림 6.3 반가산기의 Verilog 테스트 벤치 코드

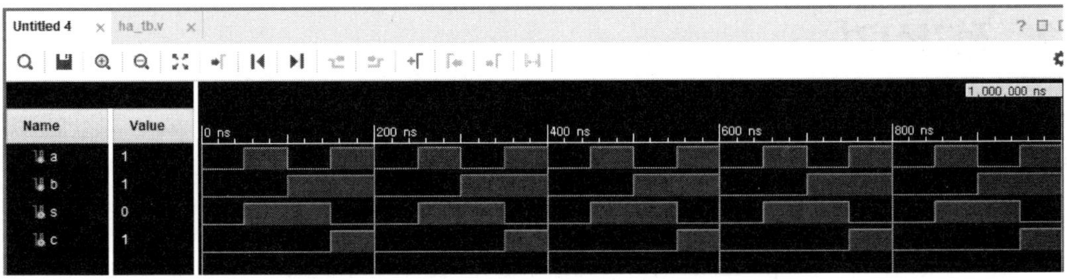

그림 6.4 반가산기의 시뮬레이션 결과 파형

설계가 완료되면, 트레이닝 키트를 활용하여 동작 검증을 한다. 이때 입출력 신호에 대한 핀 할당은 아래 표 6.2와 같이 하여 준다. a를 LSB, b를 MSB로 생각하여 키트 상에서 왼편에 있는 스위치에 b를 할당하였다. 또한 출력도 자리올림수인 c를 s의 왼편에 위치시켰다. 우리가 사용하는 키트에서 LED는 총 16개가 있는데, 가장 오른쪽의 LED 이름이 LD16이고, 가장 왼쪽에 있는 LED가 LD1이라고 이름 붙여져 있다.

2진 수 표현에서 MSB를 가장 왼편에, LSB를 가장 오른편에 위치시키기 때문이다.

표 6.2 반가산기의 핀 할당

입력			출력		
신호 이름	키트 이름	핀 번호	신호 이름	키트 이름	핀 번호
b	PUSH_SW_LEFT	D21	s	LD16	W12
a	PUSH_SW_RIGHT	G22	c	LD15	W11

위와 같은 정보를 가지고 Constraints 파일인 XDC 파일을 편집하고, 그것이 반영되도록 Synthesis와 Implementation을 실행시킨다. 그 후 Bitstream 파일(.bit 파일)을 생성한 후, FSK III 키트를 컴퓨터와 연결시킨다.

Open Hardware Manager를 실행시켜 Xilinx FPGA(xc7a75tfgg484)를 프로그램(configure)한다.

오류 없이 완료되면 이제 키트상의 PUSH_SW_LEFT 스위치와 PUSH_SW_RIGHT 스위치를 입력으로 하고, 그 둘의 수학적 합 연산을 한 결과가 LD15(c)와 LD16(s)에 나타날 것이다.

스위치는 눌렀을 경우에 값이 1이 되고, 누르지 않았을 경우에 0이 된다는 점과, 출력 LED는 그 값이 1일 때 불이 켜지게 되어 있다는 점을 염두에 두고 실습을 진행하여 그 결과를 확인해 보기 바란다.

6.2 전가산기

반가산기(Half Adder)와 마찬가지로 덧셈(뺄셈) 연산에서 기본이 되는 회로가 전가산기(Full Adder)이다. 반가산기와 다른 점은 입력 값이 두 개가 아닌 세 개라는 점이다. 즉, 하위비트에서 올라온 캐리까지 포함해서 덧셈을 할 수 있게 마련된 회로이다. 반가산기와 마찬가지로 출력으로는 더해진 값(s)과 상위 비트로 올라가는 캐리(c)가 있다. 진리표는 아래 표 6.3과 같다.

표 6.3 전가산기의 진리표

입력			출력	
a	b	cin	cout	s
0	0	0	0	0
0	0	1	0	1
0	1	0	0	1
0	1	1	1	0
1	0	0	0	1
1	0	1	1	0
1	1	0	1	0
1	1	1	1	1

이제 전가산기부터는 회로도를 잊기로 하자. 앞 장의 반가산기까지는 회로도를 보이고, Verilog 모델링 방식도 거의 회로도와 유사한 데이터 흐름 모델링(Data flow modeling) 방식을 택해왔다.

그러나 계속 데이터 흐름 모델링 방식을 따르기에는 이제 회로의 동작이 복잡해질 뿐만 아니라, Verilog이라는 언어에 의한 설계의 장점을 살리지 못하고 있는 셈이다. 따라서 이 전가산기에서는 동작적 모델링(Behavioral modeling) 방식에 의해 설계하여 보고자 한다.

물론 전가산기는 반가산기 2개와 OR 게이트 1개를 사용하여 설계할 수 있다는 점을 활용하여, 4장에서 설명한 것처럼 구조적 모델링 (structural modeling) 방식을 채택할 수도 있지만, 이 방식 역시 그 회로 구조를 알고 있어야 가능한 방식이다.

이제부터 전가산기를 동작적 모델링 방식에 의해 설계하여 보도록 한다. 먼저 Verilog 설계에서 가장 많이 쓰이는 명령어의 하나인 IF 명령어를 사용한 Verilog 코드를 아래 그림 6.5에 보였다.

그리고 이 설계 모듈을 Verilog 테스트 벤치를 작성하여 시뮬레이션 하였다. Verilog 테스트 벤치 코드 중 설계자가 작성해야 하는 부분을 그림 6.6에 보였다.

이 코드를 사용하여 시뮬레이션을 한 결과 파형을 그림 6.7에 보이고 있다. 파형을 보면 진리표에 맞게 동작함을 볼 수 있다. LSB를 cin으로, MSB를 a로 하였다.

```
module fa (
    input a,
    input b,
    input cin,
    output s,
    output cout );

    reg s, cout;

    always @(a, b, cin)
    begin
        if      (a == 0 && b == 0 && cin == 0) begin s = 0; cout = 0; end
        else if (a == 0 && b == 0 && cin == 1) begin s = 1; cout = 0; end
        else if (a == 0 && b == 1 && cin == 0) begin s = 1; cout = 0; end
        else if (a == 0 && b == 1 && cin == 1) begin s = 0; cout = 1; end
        else if (a == 1 && b == 0 && cin == 0) begin s = 1; cout = 0; end
        else if (a == 1 && b == 0 && cin == 1) begin s = 0; cout = 1; end
        else if (a == 1 && b == 1 && cin == 0) begin s = 0; cout = 1; end
        else if (a == 1 && b == 1 && cin == 1) begin s = 1; cout = 1; end
    end   // 조건문을 통해 각각의 입력 값 상황에 따라 출력 값을 기술

endmodule
```

그림 6.5 전가산기의 Verilog 코드

위에서 보면 출력포트인 s와 cout를 output으로 선언하고, 또한 reg로도 선언한 것을 볼 수 있다. 그 이유는 Verilog에서는 always 블록 내에서 출력 포트를 사용하기 위해서는 출력포트로 선언하는 것뿐만 아니라 reg로도 선언해 주어야 한다. 여기서 reg형은 Verilog에서 사용되는 자료 형으로써, register의 약자인데 실제 하드웨어적인 register와는 비슷한 개념이다.

자세한 내용은 Verilog에 대한 전문서적을 참고하기 바란다.

```
`timescale 1ns/1ps
module fa_tb();

// Inputs
    reg a;        reg b;        reg cin;

// Outputs
    wire s;        wire cout;

// fa 블록을 uut라는 이름의 인스턴스로 불러옴
    fa uut (
        .a(a),
```

```
        .b(b),
        .cin(cin),
        .s(s),
        .cout(cout)
        );

    initial begin
        a = 0;  b = 0;    cin = 0; #1000 $stop ;
    end       // 초기값 설정

    always   #200 a = ~a;    // 입력 a를 주기 400 ns 클럭으로 정의
    always   #100 b = ~b;    // 입력 b를 주기 200 ns 클럭으로 정의
    always   #50 cin = ~cin;    // 입력 cin을 주기 100 ns 클럭으로 정의

endmodule
```

그림 6.5 전가산기의 Verilog 테스트 벤치 코드

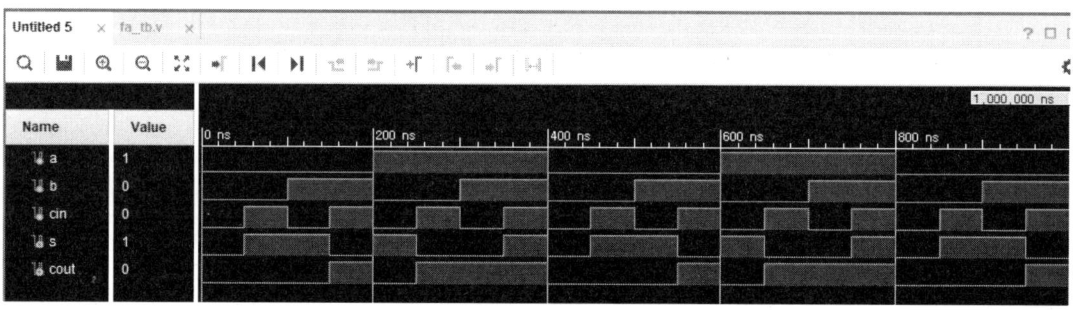

그림 6.6 전가산기의 시뮬레이션 결과 파형

설계가 완료되면, 트레이닝 키트를 활용하여 동작 검증을 한다. 이때 입출력 신호에 대한 핀 할당은 아래 표 6.4와 같이 하여 준다. DIP 스위치와 LED의 순서를 MSB와 LSB를 고려하여 정하였다.

표 6.4 전가산기의 핀 할당

입력			출력		
신호 이름	키트 이름	핀 번호	신호 이름	키트 이름	핀 번호
a	SW14	AB13	cout	LD15	W11
b	SW15	AA15	s	LD16	W12
cin	SW16	AB15			

위와 같은 정보를 가지고 Constraints 파일인 XDC 파일을 편집하고, 그것이 반영되도록 Synthesis와 Implementation을 실행시킨다. 그 후 Bitstream 파일(.bit 파일)을 생성한 후, FSK III 키트를 컴퓨터와 연결시킨다. Open Hardware Manager를 실행시켜 Xilinx FPGA (xc7a75tfgg 484)를 프로그램(configure) 한다.

오류 없이 완료되면 이제 키트상의 DIP 스위치 3개를 입력으로 하여 000부터 111까지 8가지 경우를 만들어 주면서 출력 LED 2개를 관찰한다.

DIP 스위치는 아래쪽이 0이고, 올렸을 때 1이 된다는 점과, 출력 LED는 그 값이 1일 때 불이 켜지게 되어 있다는 점을 염두에 두고 실습을 진행하여 그 결과를 확인해 보기 바란다.

7장 3선/8선 디코더

2n 개의 서로 다른 정보를 나타내려면 n개의 비트가 필요하다. n비트의 입력 신호를 받아들여, 출력 신호 2n 개를 만들어 내면서 그 중에 하나(입력 신호 비트의 십진 값에 해당하는 출력)만을 나머지 신호와 다른 값을 갖게 만들어 주는 조합회로를 디코더라 부른다. n선/m선 디코더라 하면 n 개의 입력과 m 개의 출력을 갖는 디코더를 말하며, n×m 디코더라 부르기도 한다.

3선/8선 디코더의 동작을 표 7.1 진리표에 나타내었다. 세 개 입력신호의 조합에 따라 d7~d0 중 하나의 출력만이 1이 되고 나머지 신호들은 모두 0이다. 즉, 입력 3비트 이진수의 십진 값에 해당하는 출력만이 다른 출력과 구별되는 값을 갖는 것이다.

표 7.1 3선/8선 디코더의 진리표

입력			출력							
a2	a1	a0	d7	d6	d5	d4	d3	d2	d1	d0
0	0	0	0	0	0	0	0	0	0	1
0	0	1	0	0	0	0	0	0	1	0
0	1	0	0	0	0	0	0	1	0	0
0	1	1	0	0	0	0	1	0	0	0
1	0	0	0	0	0	1	0	0	0	0
1	0	1	0	0	1	0	0	0	0	0
1	1	0	0	1	0	0	0	0	0	0
1	1	1	1	0	0	0	0	0	0	0

3선/8선 디코더의 진리표를 참고하여, 이를 Verilog로 설계하여 보자. 이번에는 입력과 출력 신호를 정의하는 데 2개 이상의 신호선의 그룹인 버스(bus)형태를 처음으로 사용한다.

예제에서 case구문을 사용하였는데, case (a)라고 한다면 a값의 변화에 따라 그 값에 따른 출력 값 d를 지정해주는 것을 볼 수 있다.

case구문을 사용할 때 유의할 사항으로는 모든 입력 값(위 예제에선 a를 말함)의 조합의 경우에 대한 기술을 해주어야 한다는 점이다. 왜냐하면 Verilog에서 case나 if~else에서 모든 입력 값의 경우를 기술 해주지 않은 상태에서 이 외의 경우가 발생한 경우엔 출력 값은 전 상태 값을 유지한다. 그러므로 필요 없는 latch가 발생할 수 있기 때문이다. 따라서 예제에서는 default(a에 대하여 지정한 값 이외의 값이 발생한 경우)까지 선언을 하였다. 똑같은 이유로 if~else 구문을 사용할 때도 모든 경우에 대해 기술해주어야 한다.(이외의 경우는 else로 기술 해준다.)

Verilog 코드를 아래 그림 7.1에 보였다. 그리고 이 코드를 역시 Verilog 테스트 벤치를 작성하여 시뮬레이션 하였다. Verilog 테스트 벤치 코드를 그림 7.2에 보였다. 여기서 보면 입력 신호 a[2], a[1], a[0]의 값을 클록 신호처럼 변화시키고 있음을 볼 수 있다.

이 코드를 사용하여 시뮬레이션을 한 결과 파형을 그림 7.3에 보이고 있다. 파형을 보면 진리표와 같게 동작함을 볼 수 있다.

```
module dec3x8(
    input [2:0] a,
    output [7:0] d
    );

    reg     [7:0] d;

    always @(a)
    begin
        case(a)   // a 입력 값에 따라 d 출력 값을 결정
            3'b000 : d = 8'b00000001;
            3'b001 : d = 8'b00000010;
            3'b010 : d = 8'b00000100;
            3'b011 : d = 8'b00001000;
            3'b100 : d = 8'b00010000;
            3'b101 : d = 8'b00100000;
            3'b110 : d = 8'b01000000;
            3'b111 : d = 8'b10000000;
            default : d = 8'b00000000;
        endcase
    end

endmodule
```

그림 7.1 3선/8선 디코더 Verilog 코드

```
`timescale 1ns/1ps
module dec3x8_tb();

    // Inputs
        reg [2:0] a;

    // Output d
        wire [7:0] d;
```

```
    // fa 블록을 uut라는 이름의 인스턴스로 불러옴
        dec3x8 uut (
            .a(a),
            .d(d)
            );

            initial begin
                a = 0;
                #1000 $stop;
            end        // 초기값 설정

        always      #200 a[2] = ~a[2];    // 입력 a[2]를 주기 400 ns 클럭으로 정의
        always      #100 a[1] = ~a[1];    // 입력 a[1]을 주기 200 ns 클럭으로 정의
        always      #50 a[0] = ~a[0];     // 입력 a[0]을 주기 100 ns 클럭으로 정의

endmodule
```

그림 7.2 3선/8선 디코더 Verilog 테스트 벤치 코드

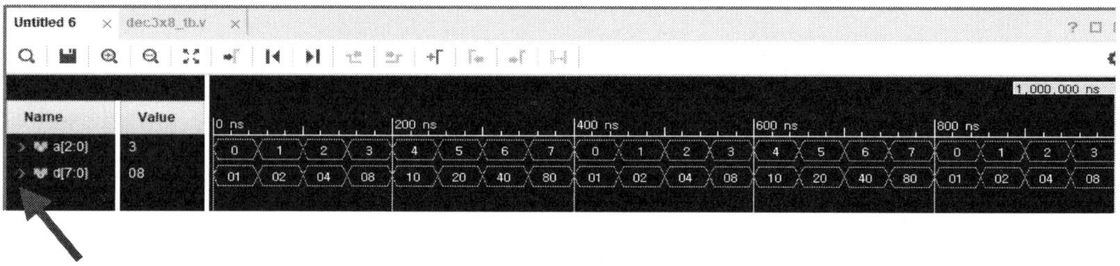

그림 7.3 3선/8선 디코더의 시뮬레이션 결과 파형

결과 파형 화면에서 기본적으로는 a나 d가 버스 형태로 보이지만, 신호 앞에 있는 〉 모양의 아이콘을 눌러 주면 그 모양이 ∨로 바뀌면서 아래 그림과 같이 각각의 신호로도 펼쳐 보여준다.

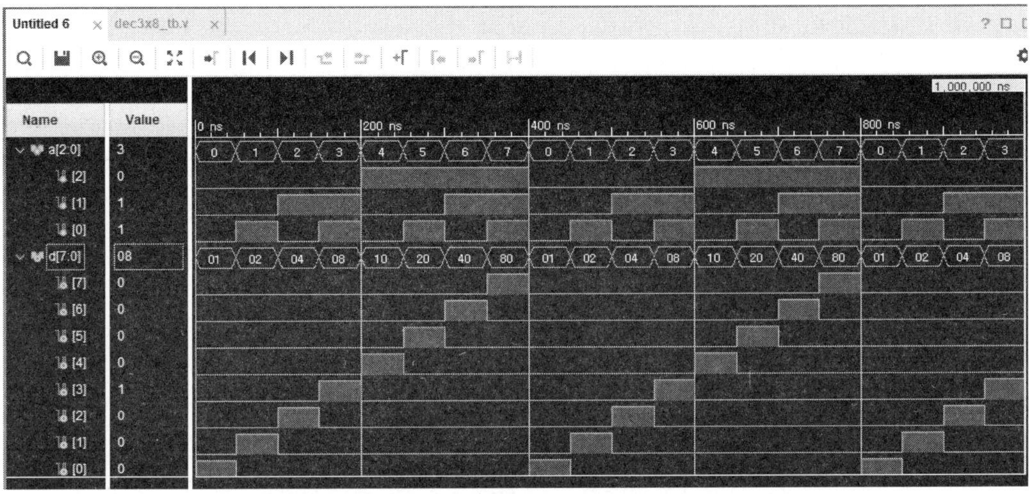

그림 7.4 버스 신호를 각각의 신호로 풀어서 보여 주는 화면

설계가 완료되면, 트레이닝 키트를 활용하여 동작 검증을 한다. 이때 입출력 신호에 대한 핀 할당은 표 7.2와 같이 해준다.

이와 같은 정보를 가지고 Constraints 파일인 XDC 파일을 편집하고, 그것이 반영되도록 Synthesis 와 Implementation을 실행시킨다. 그 후 Bitstream 파일(.bit 파일)을 생성한 후, FSK III 키트를 컴퓨터와 연결시킨다.

Open Hardware Manager를 실행시켜 Xilinx FPGA (xc7a75tfgg484)를 프로그램(configure) 한다.

표 7.2 3선/8선 디코더의 핀 할당

입력			출력		
신호 이름	키트 이름	핀 번호	신호 이름	키트 이름	핀 번호
a[2]	SW14	AB13	d[7]	LD9	AA10
a[1]	SW15	AA15	d[6]	LD10	AA11
a[0]	SW16	AB15	d[5]	LD11	V10
			d[4]	LD12	W10
			d[3]	LD13	Y11
			d[2]	LD14	Y12
			d[1]	LD15	W11
			d[0]	LD16	W12

오류 없이 완료되면 이제 키트상의 SW14(MSB)에서 SW16(LSB)를 입력 a로 하여 그 값을 디코딩한 결과가 LD16(LSB)에서 LD9(MSB)까지 차례대로 나타날 것이다.

DIP 스위치는 올렸을 경우에 값이 1이 되고, 내리면 0이 된다는 점과, 출력 LED는 그 값이 1일 때 불이 켜지게 되어 있다는 점을 염두에 두고 실습을 진행하여 그 결과를 확인해 보기 바란다.

〈연습문제〉

4선/16선 디코더를 설계하라. 신호 이름과 핀 할당은 아래 표 7.3을 참조하여라.

표 7.3 4선/16선 디코더의 신호 이름과 핀 할당

입력			출력		
신호 이름	키트 이름	핀 번호	신호 이름	키트 이름	핀 번호
a[3]	SW13	AA13	d[15]	LD1	F15
a[2]	SW14	AB13	d[14]	LD2	F13
a[1]	SW15	AA15	d[13]	LD3	F14
a[0]	SW16	AB15	d[12]	LD4	F16
			d[11]	LD5	E17
			d[10]	LD6	C14
			d[9]	LD7	C15
			d[8]	LD8	E13
			d[7]	LD9	AA10
			d[6]	LD10	AA11
			d[5]	LD11	V10
			d[4]	LD12	W10
			d[3]	LD13	Y11
			d[2]	LD14	Y12
			d[1]	LD15	W11
			d[0]	LD16	W12

8장 4입력 멀티플렉서

디지털 회로에서 가장 많이 쓰이는 회로 중 하나인 멀티플렉서(multiplexer, MUX)에 대해서 알아보자. MUX는 n개의 입력 중 선택된 하나의 입력값이 출력으로 전달되게 하여 주는 조합회로이다. 이를 위해서는 어느 입력을 선택할지를 결정하여 주는 데이터 선택 신호가 반드시 필요하다. 예를 들어, 4개의 입력 중 하나를 선택하기 위해서는 선택 신호 2비트가 필요하다. 입력이 4개인 MUX를 4입력 MUX 또는 4x1 MUX라하고, 그 진리표는 표 8.1과 같다.

진리표를 자세히 보면 선택 신호 값에 따라 출력이 입력들 중의 어느 하나와 같은 값을 가지게 됨을 볼 수 있다. 예로 데이터 선택 신호 s[1], s[0] 의 값이 각각 1, 0이면 출력 out1의 값은 항상 입력 신호 a2와 같게 된다.

표 8.1 4입력 MUX의 진리표

데이터 선택 신호		출력
s[1]	s[0]	out1
0	0	입력 a0
0	1	입력 a1
1	0	입력 a2
1	1	입력 a3

4입력 MUX의 진리표를 참고하여, 이를 Verilog로 설계하여 보자. Verilog 코드를 다음 그림 8.1에 보였다. 이번에도 입력과 출력 신호를 정의하는 데 vector 형태를 사용하였다. 여러 비트로 선언된 신호를 vector라고 하며, 한 개 비트로 된 신호는 scalar라고 한다.

이 예제에서는 CASE 명령어를 사용하였다. 물론 IF문을 사용해도 된다. 이 예제에서 a[0]라고 하는 것은 4비트 vector로 선언된 입력 포트 a 중 LSB 한 비트를 가리킨다.

특히 위 예제를 보면 always @(a, s)라는 부분을 볼 수 있다. 그 의미는 a와 b의 값이 변화할 때마다 begin~end 블록 안에 기술한 동작을 수행하라는 뜻이다. always @(...)의 괄호 안에 posedge나 negedge라는 예약어와 입력포트명이나 레지스터로 선언된 신호가 들어가면 그 신호의 positive edge 또는 negative edge에 동작하도록 기술할 수 있다. edge를 이용한 예제는 3부 순차회로 설계 부분에서 볼 수 있을 것이다.

```
module mux4x1(
    input  [3:0] a,
    input  [1:0] s,
    output  out1 );

    reg out1;

    always @(a, s)
    begin
        case(s)  // s의 값에 따라 4비트인 a중 한개 비트를 선택
          2'b00 : out1 = a[0];
          2'b01 : out1 = a[1];
          2'b10 : out1 = a[2];
          2'b11 : out1 = a[3];
        endcase
    end

endmodule
```

그림 8.1 4입력 MUX Verilog 코드

```
`timescale 1ns/1ps
module mu×4×1_tb();
// Inputs
    reg [3:0] a;  reg [1:0] s;
// Outputs
    wire out1;
// uut라는 이름으로 mu×4×1을 사례화
    mu×4×1 uut (
        .a(a),
        .s(s),
        .out1(out1)
        );

        initial begin a = 0; s = 0;          // 입력 포트 초기화
        #4000 $stop; end   //  4000ns 까지 시뮬레이션

  always #50 a[0] = ~a[0];  // 50ns마다 a[0]를 반전 (주기 100ns 클럭)
  always #100 a[1] = ~a[1];  // 100ns마다 a[1]을 반전 (주기 200ns 클럭)
  always #200 a[2] = ~a[2];  // 200ns마다 a[2를 반전 (주기 400ns 클럭)
  always #400 a[3] = ~a[3];  // 400ns마다 a[3]를 반전 (주기 800ns 클럭)

  always #1000 s[0] = ~s[0];  // 1000ns마다 s[0]를 반전 (주기 2000ns 클럭)
  always #2000 s[1] = ~s[1];  // 2000ns마다 s[1]을 반전 (주기 4000ns 클럭)

endmodule
```

그림 8.2 4입력 MUX Verilog 테스트 벤치 코드

Verilog 테스트 벤치를 작성하여 시뮬레이션 하였다. Verilog 테스트 벤치 코드를 그림 8.2에 보였다. 여기서 보면 모두 6개의 클록 신호를 만들고 있음을 볼 수 있다. 이는 동작 검증의 시각적 효과를 높이기 위해 입력 4개의 신호를 서로 다른 주파수의 신호로 만들어 주고, 데이터 선택 신호 s[1], s[0]는 모두 4가지 경우의 값을 갖도록 변화시키기 위해서이다.

이 코드를 사용하여 시뮬레이션을 한 결과 파형을 아래 그림 8.3에 보였다. 이와 같은 파형을 보려면 시뮬레이션을 4000 ns 까지 진행해야 한다. 그림 8.2에 쓰인 #4000 $stop 이란 구문이 Verilog의 문법상으로는 맞는 표현인데, Vivado에서는 그대로 작동하지 않는다.

Vivado에서 원하는 시간만큼 시뮬레이션 하려면 2가지 방법이 있다. 첫 번째는 시뮬레이션을 실행시키기 전에 그림 8.3과 같이 Run Simulation 메뉴에서 오른쪽 마우스를 누르면 나오는 Pop-up 메뉴에서 Simulation Settings를 먼저 실행시켜야 한다.

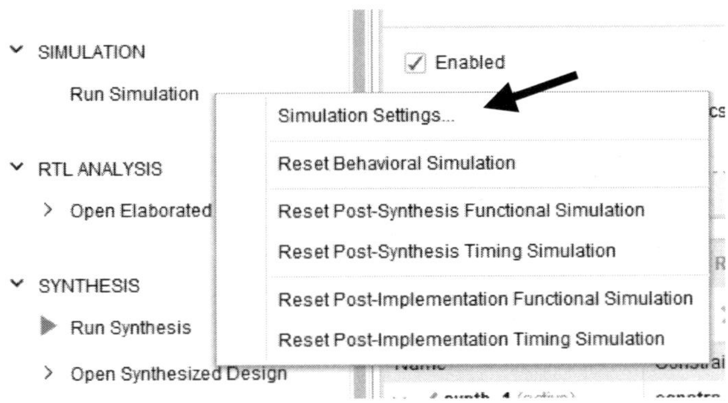

그림 8.3 Simulation Settings 실행 화면

이어 팝업되는 화면은 사실 프로젝트 전반에 걸친 내용을 설정할 수 있는 화면인 셈인데, 지금은 Simulation에 관한 것을 설정해 주는 화면인 것이다. 그림에서 보는 것처럼 중간 부분에 있는 Simulation 탭을 선택한다.

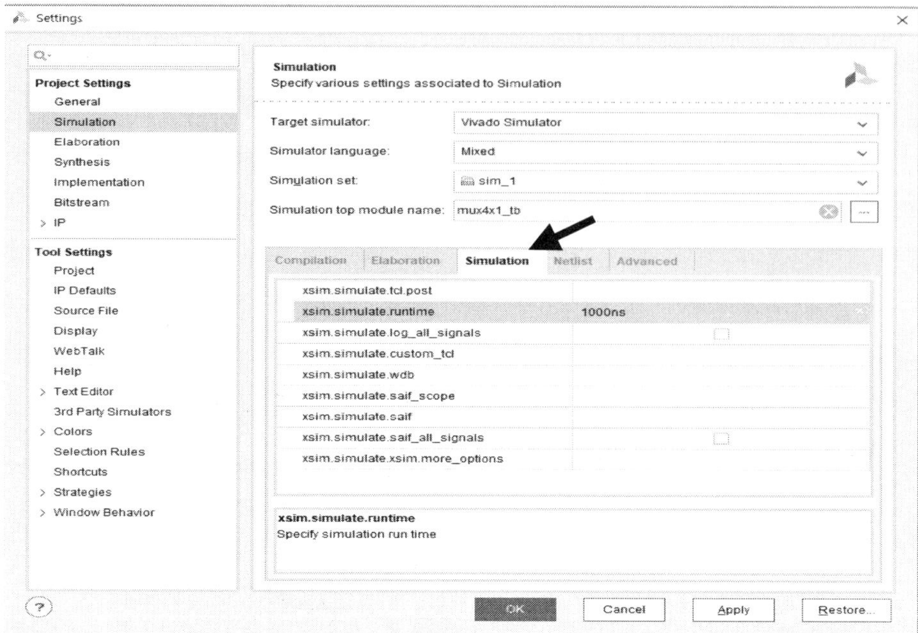

그림 8.4 Simulation Settings 중 Simulation 탭 선택 화면

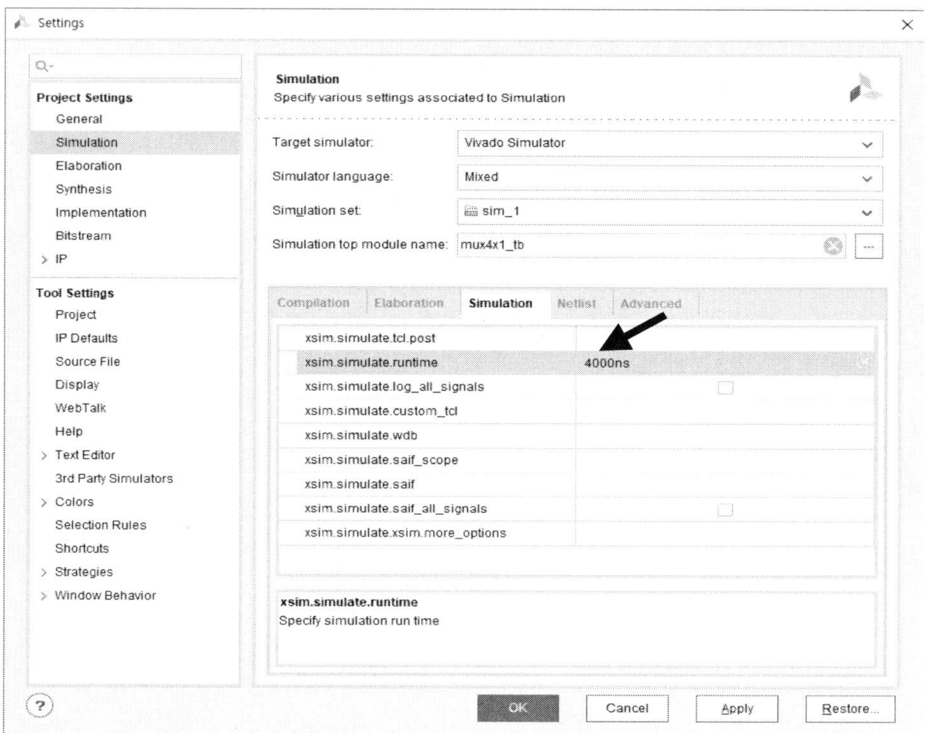

그림 8.5 Simulation 실행 시간 설정 화면

이어 나오는 화면에서 가장 위에 있는 xsim.simulation.runtime 항목을 보면 처음에는 기본적으로 1000 ns로 나온다. 따라서 이 시간을 본인이 원하는 시뮬레이션 실행 시간으로 바꾸어 주면 된다. 본 예제에서는 4000 ns로 바꾸어 주었다.

그리고 시뮬레이션을 실행시키면 우리가 원하는 그림 8.6과 같은 결과 파형을 얻을 수 있다.

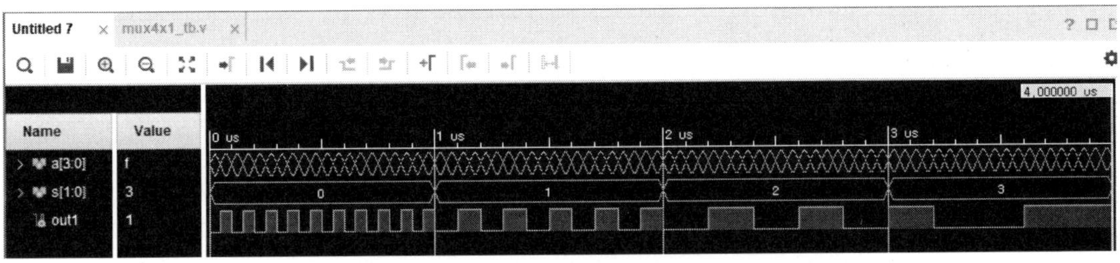

그림 8.6 4입력 MUX의 시뮬레이션 결과 파형

위 파형을 자세히 보면 출력 파형의 모양이 서로 다른 4가지 주파수로 변하고 있음을 볼 수 있다. 이것은 서로 다른 4개의 입력 신호 중의 하나가 데이터 선택 신호의 값에 따라 선택되기 때문이다.

시뮬레이션 시간을 늘리는 또 한 가지 방법은 일단 기본 시간인 1000 ns까지로 시뮬레이션을 실행시켜 결과 파형이 나온 다음에 해주는 방식이다.

1000 ns까지의 파형이 나온 다음 더 시뮬레이션을 하고 싶으면 그림 8.7과 같이 위쪽 명령어 메뉴들 중 시간이 보이는 부분에서 원하는 시간을 지정해 준 다음, 그 바로 왼편에 있는  아이콘을 눌러주면 된다. 이번 예제에서는 3 us를 더해주면 되므로 그렇게 써 주었다.

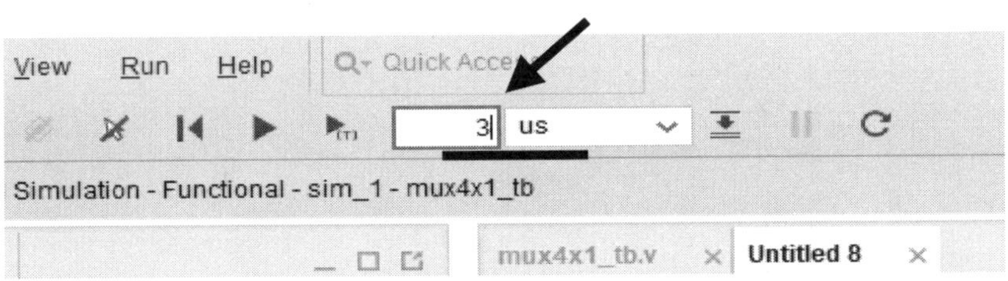

그림 8.7 시뮬레이션 중에 시뮬레이션 시간 늘리는 명령어 화면

설계가 완료되면, 트레이닝 키트를 활용하여 동작 검증을 한다. 이때 입출력 신호에 대한 핀 할당은 아래 표 8.2와 같이 하여 준다.

표 8.2 4입력 MUX의 핀 할당

입력			출력		
신호 이름	키트 이름	핀 번호	신호 이름	키트 이름	핀 번호
a[3]	SW1	J4	out1	LD8	E13
a[2]	SW2	L3			
a[1]	SW3	K3			
a[0]	SW4	M2			
s[1]	SW15	AA15			
s[0]	SW16	AB15			

위와 같은 정보를 가지고 Constraints 파일인 XDC 파일을 편집하고, 그것이 반영되도록 Synthesis 와 Implementation을 실행시킨다. 그 후 Bitstream 파일(.bit 파일)을 생성한 후, FSK III 키트를 컴퓨터와 연결시킨다. Open Hardware Manager를 실행시켜 Xilinx FPGA (xc7a75tfgg 484)를 프로그램(configure) 한다.

오류 없이 완료되면 이제 키트상의 DIP 스위치들을 적절히 조작하면서 LD8을 살펴본다.

DIP 스위치는 올렸을 경우에 1이 되고, 내렸을 경우에 0이 된다는 점과, 출력 LED는 그 값이 1일 때 불이 켜지게 되어 있다는 점을 염두에 두고 실습을 진행하여 그 결과를 확인해 보기 바란다.

예를 들어, 스위치 15번과 16번을 모두 올렸을 경우(데이터 입력 신호 s1,s0가 모두 1인 경우)에는 스위치 1번의 올림 내림에 따라 LD8이 불이 켜지고 꺼짐을 볼 수 있다. 물론 이 때에는 스위치 2번과 3번, 4번에는 전혀 반응하지 않는다. 선택받은 입력 신호가 아니기 때문이다.

〈연습문제〉

8입력 MUX를 설계하라. 신호 이름과 핀 할당은 아래 표 8.3을 참조하여라.

표 8.3 8입력 MUX의 신호 이름과 핀 할당

입력			출력		
신호 이름	키트 이름	핀 번호	신호 이름	키트 이름	핀 번호
b[7]	SW1	J4	out1	LD8	E13
b[6]	SW2	L3			
b[5]	SW3	K3			
b[4]	SW4	M2			
b[3]	SW5	K6			
b[2]	SW6	J6			
b[1]	SW7	L5			
b[0]	SW8	L4			
s[2]	SW14	AB13			
s[1]	SW15	AA15			
s[0]	SW16	AB15			

9장 1선/4선 디멀티플렉서

디멀티플렉서(Demultiplexer, DMUX)는 멀티플렉서와 정반대의 기능을 수행하는 조합논리회로이다. 하나의 입력 신호와 여러 개의 출력 신호를 가지는데, 선택 신호에 의해 지정되는 출력으로 입력 신호가 연결되는 기능을 한다. 따라서 DMUX를 데이터 분배기라고도 한다. 그 진리표는 표 9.1과 같다.

표 9.1 1선/4선 DMUX의 진리표

선택 신호		출력			
s1	s0	y3	y2	y1	y0
0	0	0	0	0	in1 (입력)
0	1	0	0	in1 (입력)	0
1	0	0	in1 (입력)	0	0
1	1	in1 (입력)	0	0	0

1선/4선 DMUX의 진리표를 참고하여, 이를 Verilog로 설계하여 보자. 이번에도 입력과 출력 신호를 정의하는 데 vector 신호 형태를 사용하였고, CASE 명령어를 사용하였다.

Verilog 코드를 다음 그림 9.1에 보였다. 그리고 Verilog 테스트 벤치를 작성하여 시뮬레이션하였다. Verilog 테스트 벤치 코드를 그림 9.2에 보였다.

여기서 보면 모두 3개의 클록 신호를 만들어 주고 있음을 알 수 있다. 이는 동작 검증의 시각 효과를 높이기 위해 입력 신호를 큰 주파수를 갖는 신호로 만들어 주고, 데이터 선택 신호 s[1], s[0]은 모두 4가지 경우의 값을 갖도록 변화시키기 위해서이다.

시뮬레이션 결과 파형은 그림 9.3에 보였다.

```
module dmux1x4 (
    input           in1,
    input   [1:0] s,
    output [3:0] y );

    reg     [3:0] y;

    always @(in1, s)
    begin
       case (s)  // s의 값에 따라 입력 in1의 데이터가 4비트의 y중 한 비트로 출력
         2'b00 : begin y[3] = 0;   y[2] = 0;   y[1] = 0;   y[0] = in1; end
         2'b01 : begin y[3] = 0;   y[2] = 0;   y[1] = in1; y[0] = 0;   end
         2'b10 : begin y[3] = 0;   y[2] = in1; y[1] = 0;   y[0] = 0;   end
         2'b11 : begin y[3] = in1; y[2] = 0;   y[1] = 0;   y[0] = 0;   end
       endcase
    end

endmodule
```

그림 9.1 1선/4선 DMUX의 Verilog 코드

```
`timescale 1ns/1ps
module dmux1x4_tb();
// Inputs
    reg in1;        reg [1:0] s;
// Outputs
    wire [3:0] y;
// 설계자가 설계한 블록을 uut라는 이름의 인스턴스로 불러옴
    dmux1x4 uut (
        .in1(in1),
        .s(s),
        .y(y)
        );

    initial begin
      in1 = 0;            s = 0;
    #4000 $stop;  end  //  4000ns까지 시뮬레이션

    always #50 in1 = ~in1;  // 50ns마다 in1을 반전 (주기 100ns 클럭)

    always #1000 s[0] = ~s[0];  // 1000ns마다 s[0]를 반전 (주기 2000ns 클럭)
    always #2000 s[1] = ~s[1];  // 2000ns마다 s[1]을 반전 (주기 4000ns 클럭)

endmodule
```

그림 9.2 1선/4선 DMUX의 Verilog 테스트 벤치코드

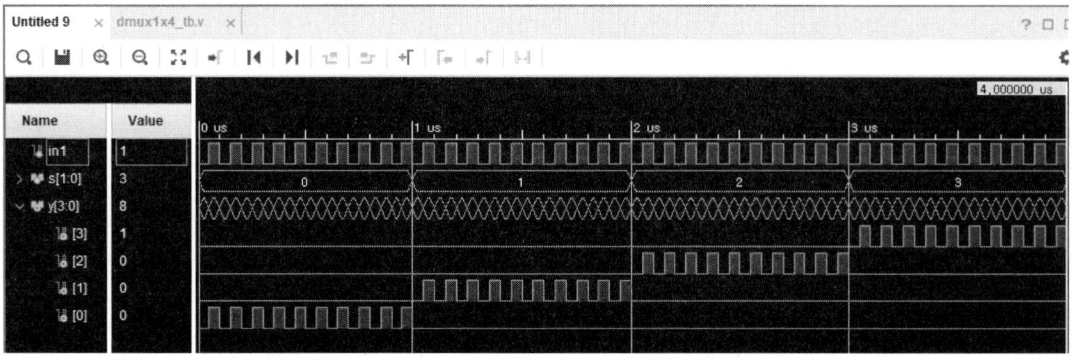

그림 9.3 1선/4선 DMUX의 시뮬레이션 결과 파형

위 파형을 자세히 보면 선택 신호 값에 의하여, 입력 신호가 출력 신호 4개 중 하나에 전달되고 있음을 볼 수 있다.

설계가 완료되면, 트레이닝 키트를 활용하여 동작 검증을 한다. 이때 입출력 신호에 대한 핀 할당은 아래 표 9.2와 같이 하여 준다.

표 9.2 1선/4선 DEMUX의 핀 할당

입력			출력		
신호 이름	키트 이름	핀 번호	신호 이름	키트 이름	핀 번호
in1	SW1	J4	y[3]	LD1	F15
s[1]	SW15	AA15	y[2]	LD2	F13
s[0]	SW16	AB15	y[1]	LD3	F14
			y[0]	LD4	F16

위와 같은 정보를 가지고 Constraints 파일인 XDC 파일을 편집하고, 그것이 반영되도록 Synthesis와 Implementation을 실행시킨다. 그 후 Bitstream 파일(.bit 파일)을 생성한 후, FSK III 키트를 컴퓨터와 연결시킨다.

Open Hardware Manager를 실행시켜 Xilinx FPGA (xc7a75tfgg484)를 프로그램(configure)한다. 오류 없이 완료되면 이제 키트상의 스위치들을 적절히 조작하면서 LED 들을 살펴본다.

DIP 스위치는 올렸을 경우에 1이 되고, 내렸을 경우에 0이 된다는 점과, 출력 LED는 그 값이 1일 때 불이 켜지게 되어 있다는 점을 염두에 두고 실습을 진행하여 그 결과를 확인해 보기 바란다.

스위치 15번과 16번을 조작하여 4가지 경우로 변화시켜 가면서 동시에 스위치 1번을 눌렀다 떼었다 해본다. 그러면 LD1~LD4 중에 하나가 스위치 1번의 조작에 따라 켜졌다 꺼졌다 하는 것을 볼 수 있을 것이다.

〈연습문제〉

1선/8선 DMUX를 설계하라. 신호 이름과 핀 할당은 아래 표 9.3을 참조하여라.

표 9.3 1선/4선 DMUX의 신호 이름과 핀 할당

입력			출력		
신호 이름	키트 이름	핀 번호	신호 이름	키트 이름	핀 번호
din	SW1	J4	b[7]	LD1	F15
s[2]	SW14	AB13	b[6]	LD2	F13
s[1]	SW15	AA15	b[5]	LD3	F14
s[0]	SW16	AB15	b[4]	LD4	F16
			b[3]	LD5	E17
			b[2]	LD6	C14
			b[1]	LD7	C15
			b[0]	LD8	E13

03

디지털 순차회로 설계

10장 기본 Flip Flop - D F/F와 JK F/F

10.1 D F/F

D 플립플롭은 한 비트 정보를 저장할 때 유용하게 사용되는 것으로 디지털 순차 회로에서 가장 널리 쓰이는 소자 중 하나이다. D F/F의 구조는 데이터 입력(d)과 클록(clk)을 갖고 있고, 출력 신호로는 정출력(q)과 부출력(q_b)이 있다. D F/F은 클록의 에지(edge)에 의해 동작되며, 그 에지에서 D가 출력에 래치되는 동작을 한다. 상승 에지 혹은 하강 에지의 2가지 중 하나에서 동작한다.

아울러 클리어 신호(clr_b)와 프리셋 신호(pr_b)의 비동기 입력 신호를 갖는 경우도 있다. 이 신호들을 사용하면 입력 d와 clk에 관계없이 F/F의 출력 신호 q를 클리어(0)시키거나, 프리셋(1) 시킬 수 있다.

D F/F의 진리표는 다음과 같다.

표 10.1 D F/F 진리표

동작모드	입력				출력
	pr_b	clr_b	clk	d	q
비동기 PRESET	0	1	X	X	1
비동기 CLEAR	1	0	X	X	0
금지	0	0	X	X	1
SET	1	1	↑	1	1
RESET	1	1	↑	0	0

세 번째 행의 금지모드는 두 출력을 모두 1로 하는 입력 조건이므로 발생해서는 안 된다. SET과 RESET 모드는 CLK의 상승 에지에서 입력상태를 출력에 반영하는 동기동작 모드이다.

D F/F의 진리표를 참고하여, 이를 Verilog로 설계하여 보자.

Verilog에서 상승 에지를 표현해주는 구문은 always 구문의 이벤트로서 posedge clk과 같이 사용한다. 반대로 하강 에지로 바꾼다면 posedge를 negedge clk로 변경해주면 된다.

표 7.1의 D F/F 진리표를 보면 알 수 있듯이 pr_b와 clr_b는 비동기(클럭과 상관없이 동작을 수행)로 동작하므로 always 이벤트 기술 부분에 클록뿐만 아니라 pr_b와 clr_b의 negative edge 이벤트까지 포함하였다.

따라서 begin~end 부분에 보면 각각 pr_b($\overline{preset}$)와 clr_b($\overline{clear}$)의 동작을 기술하였다. 또한 pr_b와 clr_b가 입력이 되지 않았을 때는 클록에 동기되어 입력 d가 q에 출력되게 설계하였다.

```
module dff (
     input  clk,
     input  d,
     input  pr_b,
     input  clr_b,
     output q );

     reg     q;

     always @(posedge clk or negedge pr_b or negedge clr_b)
     // 클록의 positive edge 또는 pr_b 또는 clr_b가 0이 될 때
     // 아래의 begin~end를 실행
     begin
       if (pr_b == 0)          q <= 1;
       else if (clr_b == 0)  q <= 0;
       else                      q <= d;
     end

endmodule
```

그림 10.1 D F/F의 Verilog 코드

동작을 확인하기 위해 Verilog 테스트 벤치 코드를 작성하여 시뮬레이션 한다. 그림 10.2에 Verilog 테스트 벤치 코드를 보였다.

```
`timescale 1ns/1ps
module dff_tb();

// Inputs
     reg clk;
     reg d;
     reg pr_b;
     reg clr_b;

// Outputs
     wire q;

// 설계한 블록을 uut라는 이름의 인스턴스로 사례화
     dff uut (
          .clk(clk),
```

```
            .d(d),
            .pr_b(pr_b),
            .clr_b(clr_b),
            .q(q)
        );

// 입력 신호들에 값 할당
        initial begin
                clk = 0;    d = 0;    pr_b = 0;    clr_b = 1;
        #100 pr_b = 1;    clr_b = 0;
        #100 clr_b = 1;
        #100 d = 1;
        #200 d = 0;
        #300 d = 1;
        #400 d = 0;
        end

        always  #50 clk = ~clk;  // clk를 주기 100 ns 클록으로 정의

endmodule
```

그림 10.2 D F/F의 Verilog 테스트 벤치 코드

Verilog 테스트 벤치 코드를 작성하여 시뮬레이션을 하게 되면 그림 10.3과 같은 결과 파형을 얻게 된다.

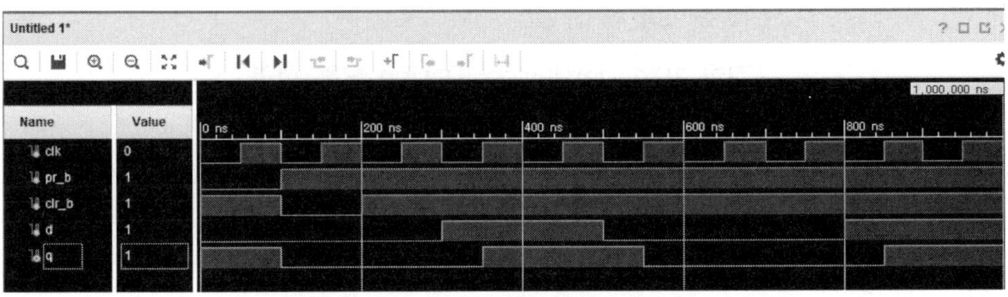

그림 10.3 D F/F 시뮬레이션 결과 파형 화면

이 파형을 자세히 보면 초기에는 pr_b의 0값에 의해 PRESET이 되고, 이후 clr_b의 0값에 의해 CLEAR가 됨을 볼 수 있다. 이후 pr_b, clr_b 모두 1인 가운데 clk의 상승 에지 때마다 그 순간의 d값이 출력으로 래치되는 동작을 확인할 수 있다. 그리고 d값의 변화는 clk의 하강 에지에 맞추어 이루어지고 있음을 볼 수 있다.

설계가 완료되면, 트레이닝 키트를 활용하여 동작 검증을 한다. 이때 입출력 신호에 대한 핀 할당은 아래 표 10.2와 같이 하여 준다.

표 10.2 D F/F의 핀 할당

입력			출력		
신호 이름	키트 이름	핀 번호	신호 이름	키트 이름	핀 번호
pr_b	SW1	J4	q	LD1	F15
clr_b	SW2	L3			
d	SW3	K3			
clk	SW4	M2			

위와 같은 정보를 가지고 Constraints 파일인 XDC 파일을 편집하고, 그것이 반영되도록 Synthesis 와 Implementation을 실행시킨다. 그 후 Bitstream 파일(.bit 파일)을 생성한 후, FSK III 키트를 컴퓨터와 연결시킨다. Open Hardware Manager를 실행시켜 Xilinx FPGA(xc7a75tfgg 484)를 프로그램(configure) 한다.

그런데 Vivado에서는 clk, clr_b, pr_b라는 신호를 클록 신호로 인지하여, 전용 배선 기능을 사용하도록 하고 있다. 따라서 우리가 임의의 핀을 할당한 다음 진행하면 'Implement Design'의 'Place & Route' 단계에서 다음과 같은 오류 메시지가 나오면서 더 이상 진행할 수 없다.

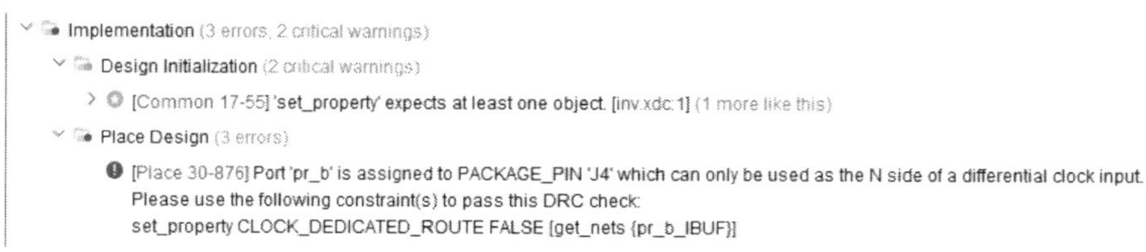

그림 10.4 Implement Design 오류 화면

이럴 경우, 다음 그림과 같이 오류 메시지의 중간쯤에 있는 set_property CLOCK_DEDICATED _ROUTE FALSE [get_nets clk_IBUF] 라는 내용을 XDC 파일에 복사하여 붙여넣기로 삽입하여 주고 다시 하면 해결된다.

```
set_property -dict {PACKAGE_PIN J4 IOSTANDARD LVCMOS33} [get_ports pr_b]
set_property -dict {PACKAGE_PIN L3 IOSTANDARD LVCMOS33} [get_ports clr_b]
set_property -dict {PACKAGE_PIN K3 IOSTANDARD LVCMOS33} [get_ports d]
set_property -dict {PACKAGE_PIN M2 IOSTANDARD LVCMOS33} [get_ports clk]
set_property  -dict {PACKAGE_PIN F15 IOSTANDARD LVCMOS33} [get_ports q]

set_property CLOCK_DEDICATED_ROUTE FALSE [get_nets {pr_b_IBUF}]
set_property CLOCK_DEDICATED_ROUTE FALSE [get_nets clk_IBUF]
```

그림 10.5 수정 보완된 핀 할당 XDC 파일

오류 없이 완료되면 이제 키트상의 스위치들을 적절히 조작하면서 LD1을 살펴본다.

DIP 스위치는 올렸을 경우에 1이 되고, 내렸을 경우에 0이 된다는 점과, 출력 LED는 그 값이 1일 때 불이 켜지게 되어 있다는 점을 염두에 두고 실습을 진행하여 그 결과를 확인해 보기 바란다.

스위치 1번과 2번은 각각 pr_b와 clr_b 이므로, 내렸을 경우 출력 q인 LD1를 켜고 꺼지게 만든다. 둘 다 올라가 있을 때 이제 스위치 3번을 데이터 입력 d로 하고, 스위치 4번을 clk으로 하는 D F/F 동작을 보일 것이다.

단, 스위치로 만드는 clk에서 상승 에지를 만들려면 스위치를 내렸다 올려야 한다는 점을 유의하기 바란다.

10.2 JK F/F

JK F/F은 SR F/F과 비슷한 기능을 가지는 것으로서 J입력이 SET, K입력이 RESET에 해당한다. SR F/F에서는 S=1, R=1인 입력이 금지되어 있으나, JK F/F에서는 J=1, K=1인 경우 클록 에지에서 출력 Q의 상태가 반전되는 토글(toggle) 동작을 한다. 또한 클리어(clr_b) 입력과 프리셋(pr_b) 입력이 있어 출력 q를 비동기적으로 RESET(0), 혹은 SET(1) 시킨다. JK F/F의 진리표는 다음과 같다.

표 10.3 JK F/F 진리표

동작모드	입력					출력
	pr_b	clr_b	clk	j	k	q[t+1]
비동기 SET	0	1	X	X	X	1
비동기 RESET	1	0	X	X	X	0
불변	1	1	X	0	0	q[t]
SET	1	1	↑	1	0	1
RESET	1	1	↑	0	1	0
Toggle	1	1	↑	1	1	not q[t]

위 진리표에서 q(t)는 클록의 에지가 들어오기 전의 출력값을, q(t+1)은 클록 에지 이후의 값을 나타낸다. 따라서 '불변'이란 JK F/F의 출력 q가 그 전 상태의 값에서 변하지 않는 것을 의미하고, 'Toggle' 동작은 출력 q가 그 전 상태의 값에서 반전되는 것을 의미한다.

JK F/F의 진리표를 참고하여, 이를 Verilog로 설계하여 보자. Verilog로 설계된 Verilog 코드를 다음 그림 10.5에 보였다.

```
module jkff (
      input  pr_b;
      input  clr_b;
      input  j;
      input  k;
      input  clk;
      output q );

      reg     q;

      always @(posedge clk or negedge pr_b or negedge clr_b)
      // 클럭의 positive edge 또는 pr_b 또는 clr_b의 negative edge가 있을 때
      // 아래의 begin~end 수행
      begin
        if (pr_b == 0)          q <= 1;
        else if (clr_b == 0)    q <= 0;
        else
        begin
                  if        (j == 0 && k == 1) q <= 0;     // reset
                  else if (j == 1 && k == 0) q <= 1;     // set
                  else if (j == 1 && k == 1) q <= ~q;   // 반전
        end
      end

endmodule
```

그림 10.5 JK F/F의 Verilog 코드

그림 10.6과 같은 Verilog 테스트 벤치 코드를 작성한 다음, 시뮬레이션을 하게 되면 그림 10.7과 같은 결과 파형을 얻게 된다.

```
`timescale 1ns/1ps
module jkff_tb();

// Inputs
      reg clk;
      reg j;      reg k;
      reg pr_b;     reg clr_b;

// Outputs
      wire q;

// 설계한 블록을 uut라는 이름의 인스턴스로 사례화
      dff uut (
```

```
            .clk(clk),
            .j(j),              .k(k),
            .pr_b(pr_b),    .clr_b(clr_b),
            .q(q)
        );

// 입력 신호들에 값 할당
        initial begin
            pr_b = 0; clr_b = 1; clk = 0; j = 1; k = 1;
        #100 pr_b = 1; clr_b = 0;
          #100 clr_b = 1;
          #100 j = 0;
          #200 k = 0;
          #200 j = 1;
          #200 k = 1;
        end

        always  #50 clk = ~clk;  // clk를 주기 100 ns 클록으로 정의

endmodule
```

그림 10.7 JK F/F Verilog 테스트 벤치 코드

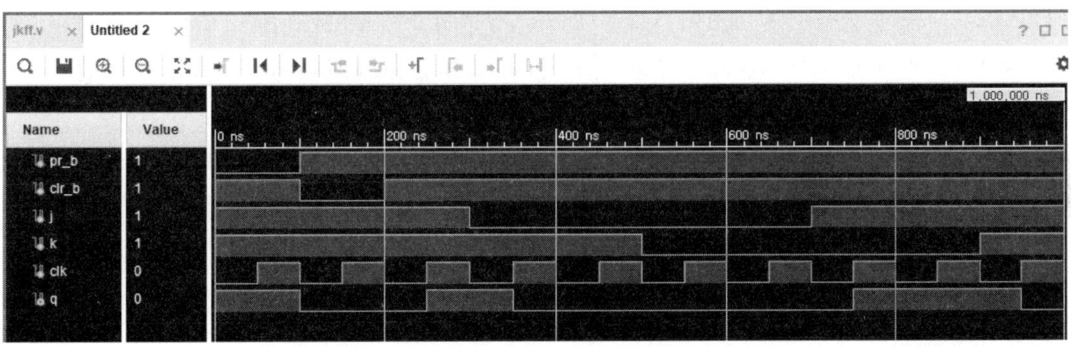

그림 10.7 JK F/F 시뮬레이션 결과 파형 화면

이 파형을 자세히 보면 초기에는 clr_b의 0값에 의해 CLEAR가 되고, 이후 pr_b의 0값에 의해 PRESET이 됨을 볼 수 있다. 이후 pr_b, clr_b 모두 1인 가운데 clk의 상승 에지 때마다 그 순간의 j, k 입력값에 따라 4가지 동작(불변, Set, Reset, 반전) 중 반전, Reset, Reset, 불변, 불변, Set, Set, 반전의 순서로 동작하는 것을 확인할 수 있다.

설계가 완료되면, 트레이닝 키트를 활용하여 동작 검증을 한다. 이때 입출력 신호에 대한 핀 할당은 다음 표 10.5와 같이 하여 준다.

이와 같은 정보를 가지고 Constraints 파일인 XDC 파일을 편집하고, 그것이 반영되도록

Synthesis 와 Implementation을 실행시킨다. 그 후 Bitstream 파일(.bit 파일)을 생성한 후, FSK III 키트를 컴퓨터와 연결시킨다.

Open Hardware Manager를 실행시켜 Xilinx FPGA (xc7a75tfgg484)를 프로그램(configure)한다.

오류 없이 완료되면 이제 키트상의 푸시 스위치들을 적절히 조작하면서 LD1을 살펴본다.

표 10.5 JK F/F의 핀 할당

입력			출력		
신호 이름	키트 이름	핀 번호	신호 이름	키트 이름	핀 번호
pr_b	SW1	J4	q	LD1	F15
clr_b	SW2	L3			
j	SW3	K3			
k	SW4	M2			
clk	SW5	K6			

DIP 스위치는 올렸을 경우에 1이 되고, 내렸을 경우에 0이 된다는 점과, 출력 LED는 그 값이 1일 때 불이 켜지게 되어 있다는 점을 염두에 두고 실습을 진행하여 그 결과를 확인해 보기 바란다.

스위치 1번과 2번은 각각 pr_b와 clr_b 이므로 내렸을 경우 출력 q인 LD1을 켜고 꺼지게 만든다. 둘 다 올렸을 경우, 이제 스위치 3번과 4번을 각각 j, k입력으로 하고, 스위치 5번을 clk으로 하는 JK F/F 동작을 보일 것이다.

단, 스위치로 만드는 clk에서 상승 에지를 만들려면 스위치를 내렸다 올려야만 한다는 점을 유의하기 바란다.

〈연습문제〉

T F/F을 설계하라. 신호 이름과 핀 할당은 아래 표 10.6을 참조하여라.

표 10.6 T F/F의 핀 할당

입력			출력		
신호 이름	키트 이름	핀 번호	신호 이름	키트 이름	핀 번호
pr_b	SW1	J4	q	LD1	F15
clr_b	SW2	L3			
t	SW3	K3			
clk	SW4	M2			

11장 4비트 2진 카운터

카운터란 들어오는 입력 클록 신호의 펄스의 개수를 헤아려 그 값을 출력으로 나타내어 주는 회로를 일컫는다. 따라서 4비트 2진 카운터는 출력이 4비트의 2진값으로 나오는 카운터를 말한다.

기존의 회로도 방식으로 설계할 때에는 비동기 카운터와 동기 카운터의 두 가지 방식으로 구현할 수 있었다.

카운터 회로에서는 출력을 계속 유지할 수 있어야 하기 때문에 저장소자인 플립플롭의 사용이 필수적이다. 따라서 카운터는 플립플롭으로 구성된다.

동기 카운터에서는 카운터내의 모든 플립플롭의 클록 입력이 모두 묶여져 외부에서 들어오는 클록 신호에 연결되어 있는 구조로 되어 있지만, 비동기 카운터에서는 그렇지 않은 구조로 되어 있다.

Verilog 방식으로 카운터를 설계할 때는 동기 카운터가 되는 것이 자연스럽고 쉬운 방법이다. 굳이 비동기 카운터로 만들려면 코딩이 더욱 어려워질 뿐만 아니라, 시간 지연 등 성능 면에서도 비동기 카운터가 동기 카운터에 비해 결코 우수하지 않기 때문이다.

카운터가 들어오는 클록 신호의 펄스 수에 따라 출력값을 1씩 증가시켜 간다는 기능을 한다는 점만 유의하면, 설계는 그리 어렵지 않다. 또한 카운터는 자기가 나타낼 수 있는 최대값 이후에 다시 펄스가 들어오면 초기값인 0으로 순환된다는 점도 유의하길 바란다.

이러한 것들을 반영하여 설계된 4비트 2진 카운터의 Verilog 코드를 그림 11.1에 보였다.

```
module cnt4(pr_b,clr_b,clk,q);
      input          pr_b;
      input          clr_b;
      input          clk;
      output [3:0] q;

      reg      [3:0] q;

      always @(posedge clk or negedge pr_b or negedge clr_b)
      // 클럭의 positive edge 또는 pr_b 또는 clr_b의 negative edge일 때
      // begin~end가 수행
      begin
        if (pr_b == 0)               q <= 4'b1111;
        else if (clr_b == 0)         q <= 4'b0000;
        else
        begin
                if (q == 4'b1111)      q <= 4'b0000;  // 카운터 순환
         else                       q <= q + 1;      // 1씩 증가
        end
      end

endmodule
```

그림 11.1 4비트 2진 카운터의 Verilog 코드

그림 11.2와 같은 Verilog 테스트 벤치 코드를 작성한 후 시뮬레이터를 이용하여 시뮬레이션을 하게 되면 그림 11.3과 같은 결과 파형을 얻게 된다.

이 파형을 자세히 보면 초기에는 pr_b의 0값에 의해 PRESET 되고, 이후 clr_b의 0값에 의해 CLEAR 됨을 볼 수 있다. 이후 pr_b, clr_b 모두 1인 가운데 clk의 상승 에지 때마다 출력 4비트 2진값이 1씩 증가하는 동작을 확인할 수 있다.

```
`timescale 1ns/1ps
module cnt4_tb();

// Inputs
      reg pr_b;
      reg clr_b;
      reg clk;

// Outputs
      wire [3:0] q;

// 설계한 블록을 uut라는 이름의 인스턴스로 사례화
        cnt4 uut (
```

```
            .pr_b (pr_b),
            .clr_b (clr_b),
            .clk (clk),
            .q(q)
        );

// 입력 신호들에 값 할당
        initial begin
                    pr_b = 0;     clr_b = 1;   clk = 0;
        #100 pr_b = 1;     clr_b = 0;
        #100 clr_b = 1;
        end

        always   #50 clk = ~clk;  // clk를 주기 100 ns 클록으로 정의

endmodule
```

그림 11.2 4비트 2진 카운터의 Verilog 테스트 벤치 코드

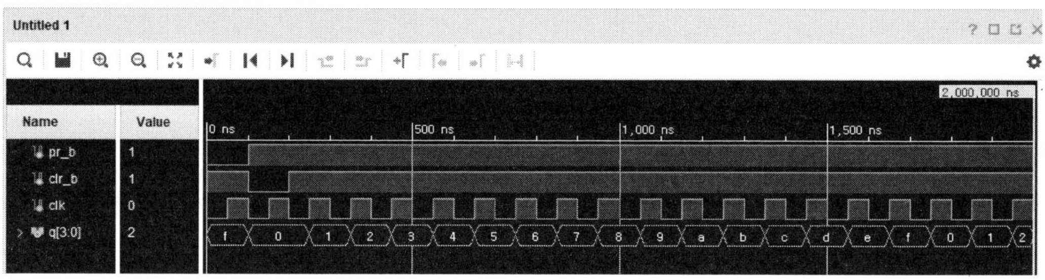

그림 11.3 4비트 2진 카운터의 시뮬레이션 결과 파형 화면

설계가 완료되면, 트레이닝 키트를 활용하여 동작 검증을 한다. 이때 입출력 신호에 대한 핀 할당은 아래 표 11.1과 같이 하여 준다. 디지털에서 MSB는 가장 왼편으로, LSB는 가장 오른편으로 위치한다는 것을 염두에 두었다.

표 11.1 4비트 2진 카운터의 핀 할당

입력			출력		
신호 이름	키트 이름	핀 번호	신호 이름	키트 이름	핀 번호
pr_b	SW1	J4	q[3]	LD13	Y11
clr_b	SW2	L3	q[2]	LD14	Y12
clk	SW3	K3	q[1]	LD15	W11
			q[0]	LD16	W12

위와 같은 정보를 가지고 Constraints 파일인 XDC 파일을 편집하고, 그것이 반영되도록 Synthesis 와 Implementation을 실행시킨다. 그 후 Bitstream 파일(.bit 파일)을 생성한 후, FSK III 키트를 컴퓨터와 연결시킨다.

Open Hardware Manager를 실행시켜 Xilinx FPGA (xc7a75tfgg484)를 프로그램(configure) 한다.

오류 없이 완료되면 이제 키트상의 스위치들을 적절히 조작하면서 LED들을 살펴본다.

DIP 스위치는 올렸을 경우에 1이 되고, 내렸을 경우에 0이 된다는 점과, 출력 LED는 그 값이 1일 때 불이 켜지게 되어 있다는 점을 염두에 두고 실습을 진행하여 그 결과를 확인해 보기 바란다.

스위치 1번과 2번이 각각 pr_b와 clr_b 이므로, 내렸을 경우 출력 q들인 LD13~LD16들이 모두 켜지고 꺼지게 된다. 둘 다 올려놓고서, 이제 스위치 3번을 clk으로 하는 카운터 동작을 보일 것이다. 단, 스위치로 만드는 clk에서, 상승 에지를 만들려면 스위치를 내렸다 올려야만 한다는 점을 유의하기 바란다.

따라서 스위치를 내렸다 올리는 순간에 LD13을 MSB로, LD16을 LSB로 하는 4비트 2진값이 1씩 증가할 것이다.

〈연습문제〉

8비트 2진 카운터를 설계하라. 신호 이름과 핀 할당은 아래 표 11.2를 참조하여라.

표 11.2 8비트 2진 카운터의 신호 이름과 핀 할당

입력			출력		
신호 이름	키트 이름	핀 번호	신호 이름	키트 이름	핀 번호
pr_b	SW1	J4	q[7]	LD9	AA10
clr_b	SW2	L3	q[6]	LD10	AA11
clk	SW3	K3	q[5]	LD11	V10
			q[4]	LD12	W10
			q[3]	LD13	Y11
			q[2]	LD14	Y12
			q[1]	LD15	W11
			q[0]	LD16	W12

12장 4비트 시프트 레지스터

레지스터란 여러 개의 비트 데이터를 저장하는 데 쓰이는 디지털 저장 소자를 말하는데, 실제적으로는 F/F의 그룹으로 구성된다. 시프트 레지스터란 레지스터의 일종으로 그 레지스터에 저장되어 있는 데이터를 클록에 따라 좌, 우, 혹은 양방향으로 이동시킬 수 있도록 만든 레지스터를 말한다.

사실 좌, 우 등 데이터 이동의 방향을 언급하는 것은 기존의 회로도로 그려져 있는 상태에서 그 데이터 이동 방향이 보이기 때문이었다. 그러나 Verilog로 설계할 때는 시각적으로 데이터 이동 방향이 보이지는 않는다. 다만 데이터의 이동이 LSB쪽에서 MSB쪽으로 되는지, 아니면 그 반대인지를 잘 이해할 필요가 있다.

따라서 설계자는 데이터의 이동 방향이 MSB, LSB 중 어느 쪽인지를 항상 유의하여야만 레지스터에 저장된 데이터를 활용하는 데에 착오가 생기지 않는다.

이러한 것들을 염두에 두고 설계된 4비트 시프트 레지스터의 Verilog 코드를 그림 12.1에 보였다. 이 예제에서 실제 시프트가 일어나도록 하는 구문은 아래와 같다.

```
q <= {q[2:0],d_in};
```

여기서 사용된 { }는 비트 결합 연산자로서 그 안에 있는 비트(들)을 자연스럽게 순서대로 결합하면 된다.

위에서 보면 clk의 상승 에지가 있으면 왼편에 새로운 4비트의 출력 q가 만들어지는데, 새로운 q[3]는 그 전의 q[2] 값이 이동되고, 새로운 q[2]는 그전의 q[1]값이, 새로운 q[1]는 그전의 q[0]값이 이동되어 오는 것을 뜻한다. (이것이 q값이 LSB쪽에서 MSB쪽으로 이동되는 것을 의미한다.)

그리고 새로운 q[0]값은 외부로부터의 들어오는 데이터 입력인 d_in값으로 결정되도록 되어 있다.

```
module shift4(pr_b,clr_b,clk,d_in,q);
      input          pr_b;
      input          clr_b;
      input          clk;
      input          d_in;
      output [3:0] q;

      reg     [3:0] q;

      always @(posedge clk or negedge pr_b or negedge clr_b)
      //클럭의 positive edge 또는 pr_b 또는 clr_b의 negative edge
      //일 때 begin~end가 수행
      begin
        if (pr_b == 0)              q <= 4'b1111;
        else if (clr_b == 0)        q <= 4'b0000;
        else
               q <= {q[2:0],d_in}; // 시프트 left 동작
      end

endmodule;
```

그림 12.1 4비트 시프트 레지스터의 Verilog 코드

그림 12.2와 같은 Verilog 테스트 벤치 코드를 작성한 후, 시뮬레이터를 이용하여 시뮬레이션을 하게 되면 그림 12.3과 같은 결과 파형을 얻게 된다.

```
`timescale 1ns/1ps
module shift4_tb();

// Inputs
      reg pr_b;     reg clr_b;     reg clk;     reg d_in;

// Outputs
      wire [3:0] q;

// shift4를 uut라는 이름으로 사례화
      shift4 uut (
          .pr_b(pr_b),          .clr_b(clr_b),
          .clk(clk),          .d_in(d_in),          .q(q)
          );

// Initialize Inputs
       initial begin
          pr_b = 0;    clr_b = 1;    clk = 0;   d_in = 0;
```

```
        #100 pr_b = 1; clr_b = 0;
      #100 clr_b = 1;
      #100 d_in = 1;
        #200 d_in = 0;
      #300 d_in = 1;
    end

    always #50 clk = ~clk ;  // 100 ns 주기 클록
endmodule
```

그림 12.2 4비트 시프트 레지스터의 Test Bench Verilog 코드

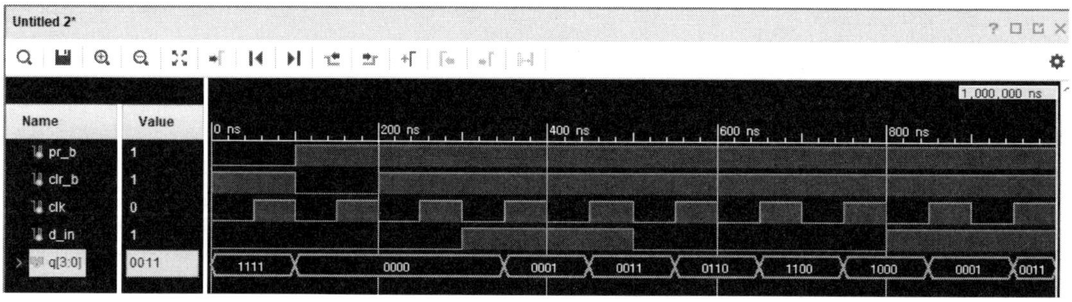

그림 12.3 4비트 시프트 레지스터의 시뮬레이션 결과 파형 화면

설계가 완료되면, 트레이닝 키트를 활용하여 동작 검증을 한다. 이때 입출력 신호에 대한 핀 할당은 아래 표 12.1과 같이 하여 준다.

표 12.1 3비트 시프트 레지스터의 핀 할당

입력			출력		
신호 이름	키트 이름	핀 번호	신호 이름	키트 이름	핀 번호
pr_b	SW1	J4	q[3]	LD13	Y11
clr_b	SW2	L3	q[2]	LD14	Y12
d_in	SW3	K3	q[1]	LD15	W11
clk	SW4	M2	q[0]	LD16	W12

위와 같은 정보를 가지고 Constraints 파일인 XDC 파일을 편집하고, 그것이 반영되도록 Synthesis 와 Implementation을 실행시킨다. 그 후 Bitstream 파일(.bit 파일)을 생성한 후, FSK III 키트를 컴퓨터와 연결시킨다.

Open Hardware Manager를 실행시켜 Xilinx FPGA (xc7a75tfgg484)를 프로그램(configure)

한다. 오류 없이 완료되면 이제 키트상의 스위치들을 적절히 조작하면서 LED들을 살펴본다.

DIP 스위치는 올렸을 경우에 1이 되고, 내렸을 경우에 0이 된다는 점과, 출력 LED는 그 값이 1일 때 불이 켜지게 되어 있다는 점을 염두에 두고 실습을 진행하여 그 결과를 확인해 보기 바란다.

스위치 1번과 2번은 각각 pr_b와 clr_b 이므로, 내렸을 경우 출력 q들인 LD13~LD16을 모두 켜고 꺼지게 만든다. 둘 다 올라가 있을 때, 스위치 3번을 d_in으로 하고, 스위치 4번을 clk입력으로 하는 시프트 레지스터 동작을 보일 것이다.

단, 스위치로 만드는 clk에서 상승 에지를 만들려면 스위치를 내렸다 올려야만 한다는 점을 유의하기 바란다.

따라서 스위치 1번을 내렸다 올리는 순간에 스위치 3번 값이 LD16으로, LD16값이 LD15로, LD15값이 LD14로, LD14값이 LD13으로(왼쪽으로) 이동하는 동작을 보일 것이다.

〈연습문제〉

4비트 시프트 right 레지스터를 설계하라. 즉, 데이터의 이동이 MSB에서 LSB쪽으로 하도록 하라. 신호 이름과 핀 할당은 아래 표 12.2를 참조하여라.

표 12.2 4비트 시프트 right 레지스터의 신호 이름과 핀 할당

입력			출력		
신호 이름	키트 이름	핀 번호	신호 이름	키트 이름	핀 번호
pr_b	SW1	J4	q[3]	LD13	Y11
clr_b	SW2	L3	q[2]	LD14	Y12
d_in	SW3	K3	q[1]	LD15	W11
clk	SW4	M2	q[0]	LD16	W12

13장 3비트 존슨 카운터

존슨 카운터란 여러 개의 F/F이 직렬로 구성된 시프트 레지스터에서 최종단 F/F의 Q 출력을 반전시킨 값을 처음 단 F/F의 데이터 입력으로 귀환시켜 상태가 순환적으로 변하도록 한 카운터이다. 반면에 링 카운터는 최종단의 출력 Q가 입력으로 그대로 귀환된다.

따라서 이러한 식으로 연결된 3비트 존슨 카운터는 아래 표 13.1과 같이 모두 6개의 서로 다른 상태를 갖는 카운터가 되는 것이다.

표에서 보면 이전 q[2]의 반전된 값이 새로운 q[0]로 이동되고, 이전 q[1]과 q[0]은 새로운 q[2]와 q[1]로 이동된다.

표 13.1 3비트 존슨 카운터의 동작

상태	출력		
	q[2]	q[1]	q[0]
0	0	0	0
1	0	0	1
2	0	1	1
3	1	1	1
4	1	1	0
5	1	0	0

이러한 점을 염두에 두고 설계된 3비트 존슨 카운터의 Verilog 코드를 그림 13.1에 보였다. 외부에서 들어오는 d_in 입력이 없음을 유의한다. 앞 장에서 배운 시프트 레지스터에서의 설계 구문과 많이 유사하다.

```
module johnson3 (pr_b,clr_b,clk, q);
     input          pr_b;
     input          clr_b;
     input          clk;
     output [2:0] q;

     reg     [2:0] q;

     always @(posedge clk or negedge pr_b or negedge clr_b)
     //클럭의 positive edge 또는 pr_b 또는 clr_b의 negative edge
     //일 때 begin~end가 수행
     begin
       if (pr_b == 0)              q <= 3'b111;
       else if (clr_b == 0)        q <= 3'b000;
       else
               q <= {q[1:0], ~q[2]}; // rotate left 동작 유사
     end

endmodule;
```

그림 13.1 3비트 존슨 카운터의 Verilog 코드

그림 13.2와 같은 Verilog 테스트 벤치 코드를 작성 한 후, 시뮬레이터를 이용하여 시뮬레이션을 하게 되면 그림 13.3과 같은 결과 파형을 얻게 된다.

```
`timescale 1ns/1ps
module johnson3_tb();

// Inputs
     reg pr_b;     reg clr_b;     reg clk;

// Outputs
     wire [2:0] q;

// johnson3를 uut라는 이름으로 사례화
     johnson3 uut (
          .pr_b(pr_b),          .clr_b(clr_b),
          .clk(clk),            .q(q)
          );

// Initialize Inputs
      initial begin
          pr_b = 0;    clr_b = 1;    clk = 0;
          #100 pr_b = 1; clr_b = 0;
```

```
    #100 clr_b = 1;
  end

  always #50 clk = ~clk ;  // 100 ns 주기 클록
endmodule
```

그림 13.2 3비트 존슨 카운터의 Test Bench Verilog 코드

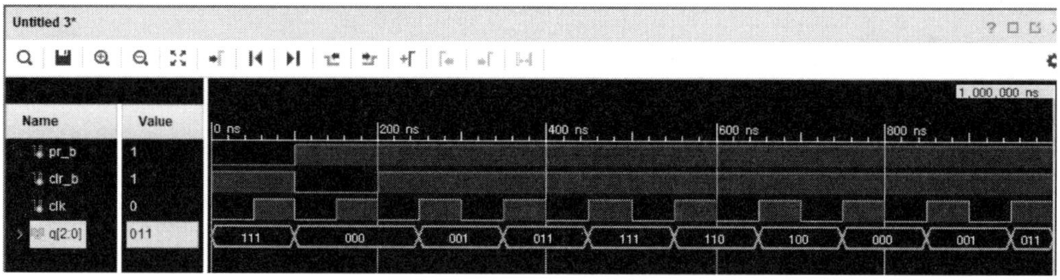

그림 13.3 3비트 존슨 카운터의 시뮬레이션 결과 파형 화면

설계가 완료되면, 트레이닝 키트를 활용하여 동작 검증을 한다. 이때 입출력 신호에 대한 핀 할당은 아래 표 13.2와 같이 하여 준다.

표 13.2 3비트 존슨 카운터의 핀 할당

입력			출력		
신호 이름	키트 이름	핀 번호	신호 이름	키트 이름	핀 번호
pr_b	SW1	J4	q[2]	LD14	Y12
clr_b	SW2	L3	q[1]	LD15	W11
clk	SW3	K3	q[0]	LD16	W12

위와 같은 정보를 가지고 Constraints 파일인 XDC 파일을 편집하고, 그것이 반영되도록 Synthesis 와 Implementation을 실행시킨다. 그 후 Bitstream 파일(.bit 파일)을 생성한 후, FSK III 키트를 컴퓨터와 연결시킨다.

Open Hardware Manager를 실행시켜 Xilinx FPGA (xc7a75tfgg484)를 프로그램(configure)한다. 오류 없이 완료되면 이제 키트상의 스위치들을 적절히 조작하면서 LED들을 살펴본다.

DIP 스위치는 올렸을 경우에 1이 되고, 내렸을 경우에 0이 된다는 점과, 출력 LED는 그 값이 1일 때 불이 켜지게 되어 있다는 점을 염두에 두고 실습을 진행하여 그 결과를 확인해 보기 바란다.

스위치 1번과 2번은 각각 pr_b와 clr_b 이므로, 내렸을 경우 출력 q들인 LD14~LD16을 모두 켜고 꺼지게 만든다. 둘 다 올라가 있을 경우, 이제 스위치 3번을 clk로 하는 존슨 카운터 동작을 보일 것이다. 단, 스위치로 만드는 clk에서, 상승 에지를 만들려면 스위치를 내렸다 올려야만 한다는 점을 유의하기 바란다. 따라서 스위치를 내렸다 올리는 순간에 LD16값이 LD15로, LD15값이 LD14로 이동하는 동작을 보일 것이다. 또 LD14의 반전된 값이 LD16으로 이동할 것이다.

〈연습문제〉

4비트 존슨 카운터를 설계하라. 단 데이터의 이동이 표 13.3처럼 MSB에서 LSB쪽으로 하도록 하라. 새로운 MSB는 이전 LSB가 반전된 값이 되도록 한다. 신호 이름과 핀 할당은 아래 표 13.4를 참조하여라.

표 13.3 4비트 존슨 카운터의 동작

상태	출력			
	q[3]	q[2)	q[1]	q[0]
0	0	0	0	0
1	1	0	0	0
2	1	1	0	0
3	1	1	1	0
4	1	1	1	1
5	0	1	1	1
6	0	0	1	1
7	0	0	0	1

표 13.4 4비트 존슨 카운터의 신호 이름과 핀 할당

입력			출력		
신호 이름	키트 이름	핀 번호	신호 이름	키트 이름	핀 번호
pr_b	SW1	J4	q[3]	LD13	Y11
clr_b	SW2	L3	q[2]	LD14	Y12
clk	SW3	K3	q[1]	LD15	W11
			q[0]	LD16	W12

04
응용회로 설계

14장 7세그먼트 LED 제어기의 설계

14.1 설계 개요

7 세그먼트 LED는 이름 그대로 7개의 조각으로 되어있는 LED이다. 그런데 그 7개의 LED 조각은 다음 그림 14.1과 같이 우리에게 친숙한 10진 숫자를 표시해 줄 수 있는 형태 및 위치를 갖고 있다.

그리고 각 세그먼트마다 A~F까지의 이름이 붙여져 있다. 어떤 것은 그림에서처럼 오른편 소수점 H까지 있는 것도 있다.

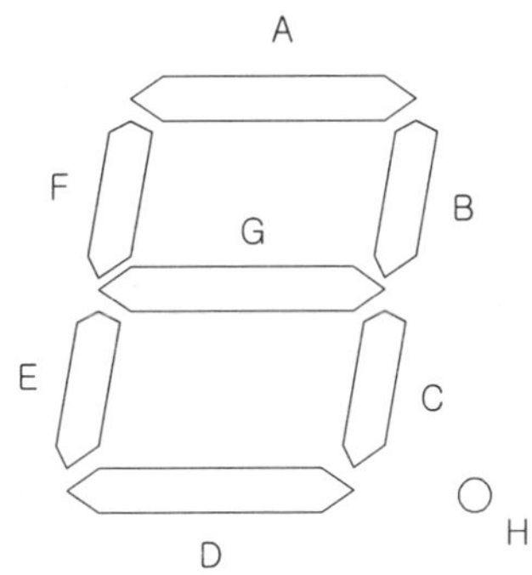

그림 14.1 7 세그먼트 LED

따라서 위 7 세그먼트 LED중에서 특정한 LED만을 켜면 우리가 보기에 숫자가 표시되는 것이다. 예를 들어 LED A, B, C, D, G 만 켜진다면 숫자 3이 표시될 것이다.

디지털 시스템에서는 숫자는 보통 BCD (Binary Coded Decimal) 코드로 표현되고 있다. 10진수 25에 대한 BCD 표현은 10의 자리 숫자 2와 1의 자리 숫자 5가 각각 이진수 코드로 변환된 0010 0101 이다. 2진수 표현 11001과 다름을 유의하기 바란다. 따라서 BCD 코드에서는 10이상의 숫자에 대한 표현은 없다는 점도 잊지 말길 바란다.

BCD 코드의 숫자를 7 세그먼트에 표현해 주기 위해서는 BCD 코드를 입력으로 받아 들여 7 세그먼트 중에 불이 켜져야 하는 세그먼트들만을 적절하게 출력해 주는 디코더가 필요하다. 이를 7 세그먼트 디코더라고 부른다.

표 14.1에 7 세그먼트 디코더의 진리표를 보였다. 입력은 BCD 코드이고 출력은 7 세그먼트로 연결되도록 되어 있는 7개의 신호선들이다. 각 숫자의 모양을 생각하면 쉽게 이해될 수 있을 것이다.

표 14.1 7 세그먼트 디코더

입력				출력						
d3	d2	d1	d0	a	b	c	d	e	f	g
0	0	0	0	1	1	1	1	1	1	0
0	0	0	1	0	1	1	0	0	0	0
0	0	1	0	1	1	0	1	1	0	1
0	0	1	1	1	1	1	1	0	0	1
0	1	0	0	0	1	1	0	0	1	1
0	1	0	1	1	0	1	1	0	1	1
0	1	1	0	1	0	1	1	1	1	1
0	1	1	1	1	1	1	0	0	1	0
1	0	0	0	1	1	1	1	1	1	1
1	0	0	1	1	1	1	1	0	1	1

우리가 사용하고 있는 트레이닝 키트에 있는 7 세그먼트 LED는 위와 같은 것이 한 자리만 있는 것이 아니라 4개의 자리로 되어 있는 모듈 형태의 것을 2개 붙여서 사용하고 있다. 그 형태는 다음 그림 14.2와 같다.

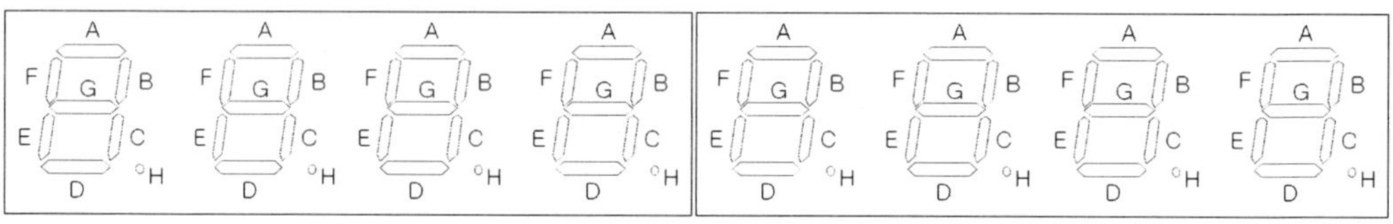

그림 14.2 4자리의 7 세그먼트 LED 모듈 2개

위 4자리 7 세그먼트 LED 모듈의 입출력 신호를 보면, 4개의 LED에 대한 데이터 신호를 공통으로 사용하고 있다. 따라서 하나의 숫자 데이터를 주면 4자리 모두 같은 숫자가 표시된다. 그렇다면 위 4자리를 서로 다른 숫자를 표시하는 방법은 무엇일까? 그것을 위하여 각 자리를 활성화시키거나 비활성화 시킬 수 있는 신호 4개를 제공한다. 즉 그 신호 이름을 왼쪽에서부터 각각 DIGIT1~DIGIT4 라 하면 DIGITx가 1인 자리는 숫자 데이터에 의한 숫자가 표시되고, 0인 자리는 숫자 표시가 안 되는 것이다. 이런 원리로 각 자리마다 서로 다른 숫자를 표시할 수 있다.

즉, 왼쪽자리부터 각각 1, 2, 3, 4를 표시하고 싶다면, 어느 일정시간 동안 DIGIT1만 1로 주고 숫자 1에 대한 데이터를 내보내주고, 그 다음 또 어느 일정시간동안 DIGIT2만 1로 준 상태에서 숫자 2에 대한 데이터를 내보내준다. 이런 식으로 DIGIT4까지 해 준 다음 다시 DIGIT1으로 돌아가는 그런 동작을 반복하여 데이터 내 보내기를 수행한다. 그러면 사람의 눈의 착시 효과에 의해 각 자리마다 서로 다른 숫자가 표시되는 것처럼 보일 것이다. 그림 14.3에 이에 대한 설명 그림을 보였다.

위와 같은 방식을 각 자리마다 별도의 데이터 신호선을 갖는 방식인 정적 구동(static driving) 방식과 대비하여 동적 구동(dynamic driving) 방식이라 부른다. 설계자는 4개의 자리를 차례대로 반복 선택하여 주는 기능을 설계하여 주는 부담이 증가하나, 정적 방식에 비해 LED 모듈의 입출력 신호는 매우 단순하다.

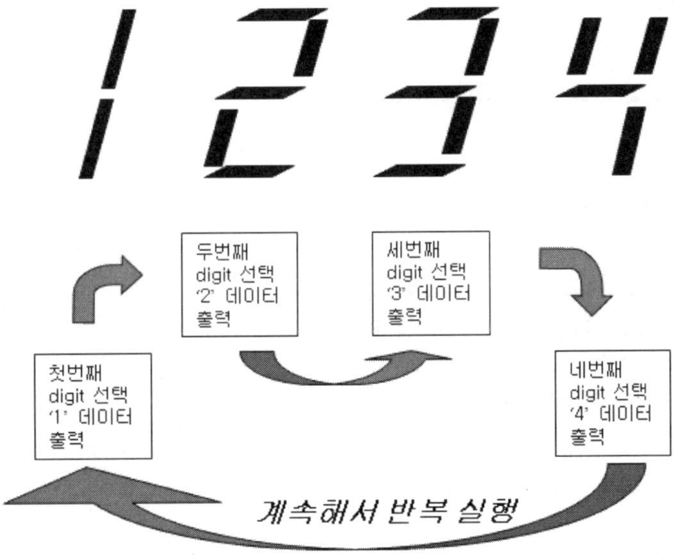

그림 14.3 4자리 7 세그먼트 모듈의 동적 구동 표현 방식

14.2 설계 실습

이제 이러한 기본적인 7 세그먼트 LED에 대한 이해를 바탕으로 하여 4자리의 7 세그먼트 LED에 숫자를 써보는 Verilog 코드를 작성해 보자. 그런데 FSK III에는 4자리 7세그먼트 LED 모듈이 2개 붙어 있으므로 총 8개의 자리에 서로 다른 숫자를 표시해 보도록 하자.

코드는 3개의 부분으로 구성되어 있는 데, 첫 번째는 자리를 이동해 가기 위한 클록 신호를 생성하는 것이고, 두 번째는 그 클록 신호에 동기 되어 표시할 자리를 선택해 주는 신호를 출력해 준다.

마지막에는 각 선택된 자리마다 표시하고픈 숫자 데이터를 출력해 주는 기능을 한다.

이와 같이 설계된 Verilog 코드를 그림 14.4에 보였다.

```
module seg7 (rstb, clk, digit, seg_data);

/****************************************************
** 입력 신호 정의                                  **
****************************************************/
input    rstb         ;
input    clk         ;

/****************************************************
** 출력 신호 정의                                  **
****************************************************/
output   reg [7:0]      digit      ;
output   reg [6:0]      seg_data   ;

/****************************************************
** Reg 정의                                        **
****************************************************/
reg     [16:0]    clk_cnt     ;
reg    seg_clk;

/****************************************************
** 7 Segment 자리 선택  Clock 생성 (500 Hz)
****************************************************/
always @(posedge clk or negedge rstb) begin
    if (!rstb) begin
        clk_cnt    <=  17'd0;
        seg_clk <= 0;  end
    else begin
//        if (clk_cnt == 17'd99999) begin    // 정상동작시 선택
        if (clk_cnt == 27'd1) begin            // 시뮬레이션시 선택
            clk_cnt       <= 17'd0;
            seg_clk <= ~seg_clk; end
        else begin
            clk_cnt       <= clk_cnt + 1;
        end
    end
end
```

```
/****************************************************
** 자리 선택 Clock에 따라 자리 이동
****************************************************/
always @(posedge seg_clk or negedge rstb) begin
    if (!rstb) begin
        digit  <= 8'b1000_0000;    end
    else begin
        digit <= {digit[0],digit[7:1]};
```

```
    end
end

/*****************************************************
** 선택한 자리에서 표시할 숫자 데이터 출력
*****************************************************/
always @(posedge seg_clk or negedge rstb) begin
    if (!rstb) begin
        seg_data  <= 7'd0;    end
    else
        case(digit)    // 선택한 자리에 원하는 숫자 데이터 출력
                8'b1000_0000 : seg_data  <= 7'b011_0000;  // 1출력
                8'b0100_0000 : seg_data  <= 7'b110_1101;  // 2출력
                8'b0010_0000 : seg_data  <= 7'b111_1001;  // 3출력
                8'b0001_0000 : seg_data  <= 7'b011_0011;  // 4출력
                8'b0000_1000 : seg_data  <= 7'b101_1011;  // 5출력
                8'b0000_0100 : seg_data  <= 7'b101_1111;  // 6출력
                8'b0000_0010 : seg_data  <= 7'b111_0010;  // 7출력
                8'b0000_0001 : seg_data  <= 7'b111_1111;  // 8출력
                default : seg_data  <= 7'd0;
        endcase
end

endmodule
```

그림 14.4 7 세그먼트 제어기 Verilog 코드

위의 코드를 차례대로 간단히 살펴보기로 하자. 먼저 입출력 신호와 변수에 대해서 아래 표 14.2에 정리하였다.

첫 번째 always 구문에서는 100 MHz의 clk 신호를 200,000 분주하여 500 Hz의 seg_clk 신호를 만들어 준다. 이후 이 seg_clk에 의해 8개의 자리를 이동해 가면서 숫자를 표시하게 되는 것이다.

따라서 이어서 500 Hz의 클록으로 자리 선택을 옮겨 가게 하는 always 구문과 각 자리마다 표시할 데이터를 출력하는 always 구문이 뒤따른다.

표 14.2 7 세그먼트 제어기 입출력 신호 및 변수

신호 이름	입출력	설 명
rstb	입력	시스템 Reset 신호. pin U7으로 연결되어 있음. Active 'L'
clk	입력	트레이닝 키트에 있는 100 MHz 클록 신호. pin R4로 연결되어 있음.
clk_cnt	변수	100 MHz 클록 신호를 분주하기 위해 사용됨. 특정한 값에 이르렀을 때 seg_clk 신호를 반전시킴.
digit(7:0)	출력	8개의 자리 중 하나를 선택하기 위해 사용되는 신호. 8비트의 값으로 1 비트의 값만 1인데 500 Hz 주파수로 1의 값이 왼쪽에서 오른쪽으로 순환(rotate)한다. digit[7]: 가장 왼쪽, digit[0]: 가장 오른쪽
seg_data(6:0)	출력	7 세그먼트로 연결되는 신호. 7개의 세그먼트 A~G로 연결됨. seg_data[6]: 세그먼트 A, seg_data[0]: 세그먼트 G

seg_clk 신호를 만들어 주는 구문에서 보면 다음과 같은 부분을 볼 수 있을 것이다.

```
//      if ( clk_cnt == 17`d99999 )   begin   // 정상동작 시
        if ( clk_cnt == 17'd1 )       begin   // 시뮬레이션 시
```

이것은 Verilog 코드에서 // 이 있으면 줄에서 그 뒤는 주석문(comment)으로 처리되는데, 이점을 이용하여 필요에 따라 위에 보이는 두 줄 중에 하나를 동작하게 하고, 나머지 하나는 주석문으로 처리되게 하려 한 것이다. 즉, 실제 정상적으로 동작을 시킬 때는 위의 줄을 활성화시키고, 시뮬레이션 결과를 빨리 보고자 할 때는 아래 줄을 활성화시킨다. 이와 같이 하는 이유는 만약 위의 줄만 있다면, 이 코드를 가지고 시뮬레이션을 하여 그 결과를 보고자 한다면 상대적으로 긴 시간이 소요되기 때문이다. 따라서 시뮬레이션을 위해서는 분주값을 아주 작게 하여 시뮬레이션 시간을 줄이고자 하는 것이다. 아래 줄을 선택하여 시뮬레이션을 할 때 클록이 분주되는 과정을 다음 그림 14.5에 나타내었다. 따라서 1이라는 숫자가 사용되었을 때는 4 분주가 되고, 결국 n이라는 숫자가 사용되면 $2(n+1)$ 분주가 됨을 알 수 있다. 그리하여 정상 동작할 때 99,999가 사용되기 때문에 200,000분주가 되는 것이다.

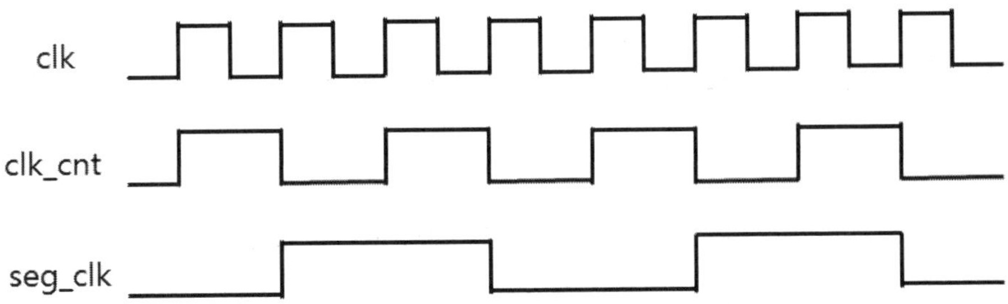

그림 14.4 clk (100 MHz) 신호가 분주되는 과정

이런 점을 염두에 두고 시뮬레이션을 하면 다음 그림 14.6과 같은 결과 파형을 얻게 될 것이다. 파형을 살펴보면 각 자리가 왼쪽에서 오른쪽으로 옮겨지면서 1부터 시작하여 차례대로 2, 3, …, 8까지 표시하고 있음을 볼 수 있다.

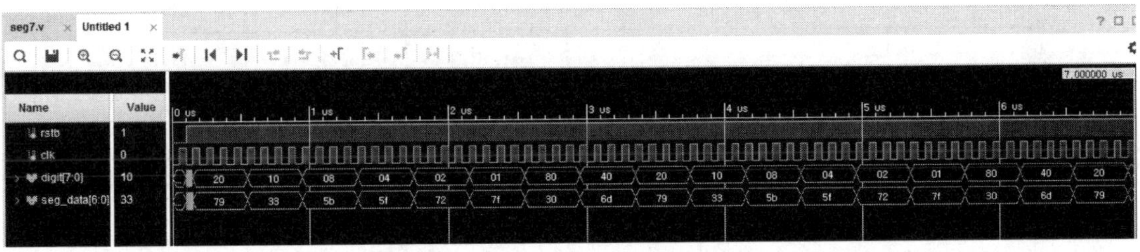

그림 14.6 7 세그먼트 제어기 시뮬레이션 결과 파형

시뮬레이션이 정상적으로 실행되었으므로, 앞서 설명한 클록을 만들어 주는 구문에서 '정상동작 시' 줄을 선택하여 준 다음, 전체 과정을 다시 실행시켜 준다.

이제 트레이닝 키트를 활용하여 동작 검증을 한다. 이때 입출력 신호에 대한 핀 할당은 다음 표 14.3과 같이 하여 준다.

위와 같은 정보를 가지고 Constraints 파일인 XDC 파일을 편집하고, 그것이 반영되도록 Synthesis 와 Implementation을 실행시킨다. 그 후 Bitstream 파일(.bit 파일)을 생성한 후, FSK III 키트를 컴퓨터와 연결시킨다.

Open Hardware Manager를 실행시켜 Xilinx FPGA (xc7a75tfgg484)를 프로그램(configure) 한다. 오류 없이 완료되면 자동적으로 8개의 7 세그먼트 모듈에 왼쪽부터 1, 2, 3, 4, 5, 6, 7, 8의 숫자가 표시될 것이다.

〈연습문제〉

8자리 7 세그먼트 LED에 실습하는 날의 날짜를 표시해 보자. 년도 4자리, 월 2자리, 일 2자리로 표시하라.

표 14.3 7 세그먼트 제어기의 핀 할당

입력			출력		
신호 이름	키트 이름	핀 번호	신호 이름	키트 이름	핀 번호
clk	CLK_100M	R4	digit[7]	DIGIT1	E14
rstb	SYS_RSTB	U7	digit[6]	DIGIT2	E16
			digit[5]	DIGIT3	D16
			digit[4]	DIGIT4	D14
			digit[3]	DIGIT5	AB11
			digit[2]	DIGIT6	AB12
			digit[1]	DIGIT7	AA9
			digit[0]	DIGIT8	AB10
			seg_data[6]	SEG_A	D20
			seg_data[5]	SEG_B	C20
			seg_data[4]	SEG_C	C22
			seg_data[3]	SEG_D	B22
			seg_data[2]	SEG_E	B21
			seg_data[1]	SEG_F	A21
			seg_data[0]	SEG_G	E22

15장 글자 LCD 제어기의 설계

15.1 설계 개요

글자 LCD란 문자를 표시하기 위해 사용되는 표시 장치이다. FSK III에는 한 줄에 16 글자씩 2줄을 표시할 수 있는 글자 LCD가 장착되어 있다.

아래 그림 15.1에 글자 LCD의 블록도를 보였다. 여기에서 우리가 FPGA를 통해 생성해 줘야 할 신호는 DB7~DB0, E, R/W, RS 신호이다. 여기서 사용해야 하는 신호들의 기능을 표 15.1에 정리하여 보았다.

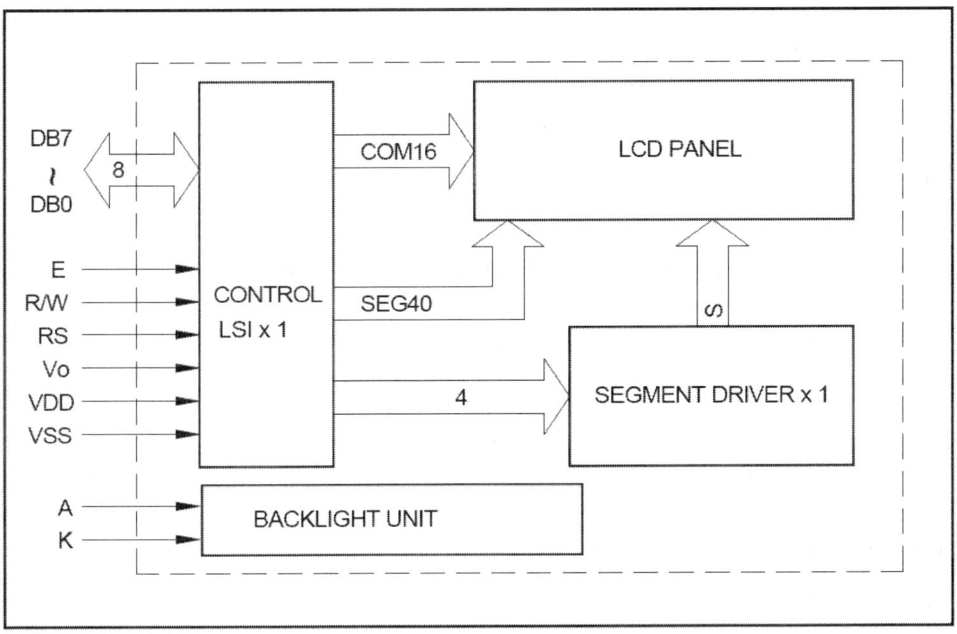

그림 15.1 글자 LCD의 블록도

표 15.1 글자 LCD 주요 신호들의 기능

신호 이름	기능
DB7~DB0	데이터 버스. RS가 1일 때는 LCD를 제어하기 위한 명령어 데이터이며, RS가 0일 때는 표시하기 위한 글자 데이터이다.
RS	이 신호가 0이면 명령어 쓰기, 플래그/어드레스 읽기 모드가 되며, 1이면 내부 메모리에 값을 쓰거나 읽는 모드가 된다.
R/W	데이터 읽기와 데이터 쓰기를 선택하는데 사용. R/W가 0이면 데이터 쓰기 모드이며, 1이면 데이터 읽기 모드
E	글자 LCD에 명령이나 데이터를 쓰거나 읽는 동작을 하려면 이 신호가 0에서 1로 바뀌어야 한다.

즉, DB7~DB0는 데이터이며, 나머지 신호들은 이 데이터가 쓰이기 위한 조건을 만드는 기능을 한다.

아래 표 15.2에 주요 시간 사양과 그림 15.2에 타이밍 다이어그램을 나타내었다. 표에 나타난 Min값은 최소한 그 값 이상이 되어야 한다는 것이고, Max값은 그 값을 넘지 않아야 한다는 의미이다.

표 15.2 글자 LCD 주요 시간 사양

Item	Symbol	Value			Unit
		Min.	Typ.	Max.	
Enable Cycle Time	Tcyc	500	.	.	ns
Enable Pulse Width, High Level	PWeh	220	.	.	ns
Enable Rise and Fall Time	Ter, Tef	.	.	25	ns
Address Setup Time, RS, R/W, E	Tas	40	.	.	ns
Data Setup Time	Tdsw	60	.	.	ns
Data Hold Time	Th	10	.	.	ns
Address Hold Time	Tah	10	.	.	ns

(LCD Write Operation)

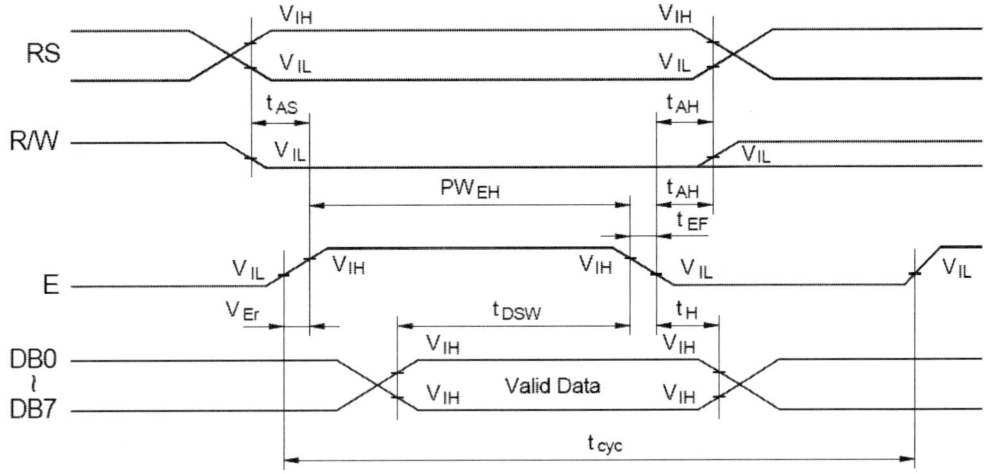

그림 15.2 글자 LCD 쓰기모드의 타이밍 다이아그람

표 15.3에 주요 기능을 요약하여 보여주고 있다. 그 기능에 대해 좀 더 설명하면 아래와 같다.

1 Clear Display

화면 clear 후 커서는 홈 위치(00번지)로 돌아간다. 그리고 DDRAM의 모든 어드레스에 스페이스 코드인 0x20이 들어가고, AC(Address Counter)에 0번지가 세트된다.

AC는 DD/CG RAM에 문자 데이터를 써넣으면 엔트리 모드 설정에 따라서 AC는 자동적으로 +1 또는 -1만큼 증감한다. 그리고 AC의 내용은 RS가 0, R/W가 1일 때, DB0~DB7을 통해서 읽을 수 있다.

2 Return Home

커서를 좌측 상단에 위치시킨다(Home으로 이동). AC에 0번지가 세트된다.

3 Entry mode Set

출력되는 글자가 한 글자씩 뒤로 갈 것인가 앞으로 갈 것인가를 결정한다. 커서의 진행방향(AC의 증감 방향과 같음) 및 표시를 shift시킬 것인지를 지정한다.

표 15.3 글자 LCD 주요 기능

기능	코드									
	RS	R/W	DB7	DB6	DB5	DB4	DB3	DB2	DB1	DB0
Clear Display	0	0	0	0	0	0	0	0	0	1
Return Home	0	0	0	0	0	0	0	0	1	X
Entry mode Set	0	0	0	0	0	0	0	1	I/D	S
Display On/Off Control	0	0	0	0	0	0	1	D	C	B
Cursor or Display Shift	0	0	0	0	0	1	S/C	R/L	X	X
Function Set	0	0	0	0	1	IF	N	F	X	X
Set CGRAM Address	0	0	0	1	ACG					
Set DDRAM Address	0	0	1	ADD						
Read Busy Flag and Address	0	1	BF							
Write Data to CG or DDRAM	1	0	DB							
Read Data from CG or DDRAM	1	1	Read							

Increment/Decrement

I/D=1 : 어드레스를 +1, I/D=0 : 어드레스를 -1

Shift

S가 1일 때, 표시된 문자 전체를 좌/우로 이동. 단, 이때 커서의 위치는 불변

I/D=1, S=1 : 좌로 shift

I/D=0, S=1 : 우로 shift

S=0 : shit되지 않음.

4 **Display On/Off Control**

화면의 On/Off, 커서의 On/Off, 커서의 깜박임 On, Off를 결정한다.

커서의 On/Off 및 깜박임 On, Off는 AC로 지정되어 있는 DDRAM 어드레스에 해당하는 문자가 된다.

D=1 : Display On, D=0 : Display Off

C=1 : 커서 On, C=0 : 커서 Off

B=1 : 점멸 On, B=0 : 점멸 Off

5 Cursor or Display Shift

DDRAM의 내용은 변경하지 않고, 커서 이동과 display shift를 한다. 커서의 이동은 1행의 끝에서 2행의 처음으로 이동한다.

S/C=1 : 디스플레이 스크린 시프트, S/C=0 : 커서 이동

R/L=1 : 오른쪽 이동, R/L=0 : 왼쪽 이동

즉,

S/C=0, R/L=0 : 커서 위치를 좌로 이동(AC -=1)

S/C=0, R/L=1 : 커서 위치를 우로 이동(AC +=1)

S/C=1, R/L=0 : 표시 전체를 좌로 이동

S/C=1, R/L=1 : 표시 전체를 우로 이동

6 Function Set

LCD의 제어 설정. 4bit/8bit 데이터 설정과 폰트 크기 등을 결정한다.

IF=1 : 8bit, IF=0 : 4bit

N=1 : 2행, N=0 : 1행,

F=1 : 5x10폰트 사용, F=0 : 5x7폰트 사용

7 Set CGRAM Address

A[5:0]로 표시되는 CGRAM의 어드레스가 AC에 설정되고, 이후 읽기/쓰기 데이터는 CGRAM에 쓰이고 읽히게 된다.

8 Set DDRAM Address

LCD에 글자를 표시할 위치에 해당하는 어드레스를 지정한다. A[6:0]로 표시되는 DDRAM 어드레스가 AC에 설정되고 이후 읽기/쓰기 데이터는 DDRAM에 쓰이고 읽히게 된다.

글자 LCD의 각 위치에 해당하는 DDRAM 에서의 주소 값은 표 15.4에 보였다.

표 15.4 글자 LCD 각 위치의 DDRAM에서의 주소 값

Digit	1	2	3	4	5	6	7	8	9	10	11	12	13	14	15	16
1-Line	00	01	02	03	04	05	06	07	08	09	0A	0B	0C	0D	0E	0F
2-Line	40	41	42	43	44	45	46	47	48	49	4A	4B	4C	4D	4E	4F

9 Write Data to CG or DDRAM

CG나 DDRAM의 AC가 가리키는 곳에 DB[7:0]를 써 넣는다. CGRAM의 경우는 글자를 사용자가 정의하기 위한 것이고, DDRAM의 경우는 현재 커서가 있는 곳에 쓰고 싶은 문자에 대한 ASCII 코드 값이다.(사실 이 값은 CGROM의 주소 값이며, 그 주소에 있는 내용이 곧 ASCII 문자 모양을 표시할 수 있는 데이터이다.)

그림 15.3에 LCD의 아랫줄 첫 번째 칸에 대문자 A가 쓰이는 개념도를 보였다. 그 위치에 대한 DDR 주소가 40H 이고, 그 주소에 쓰인 데이터가 대문자 A의 ASCII 코드 값인 41H라는 것을 알 수 있다.

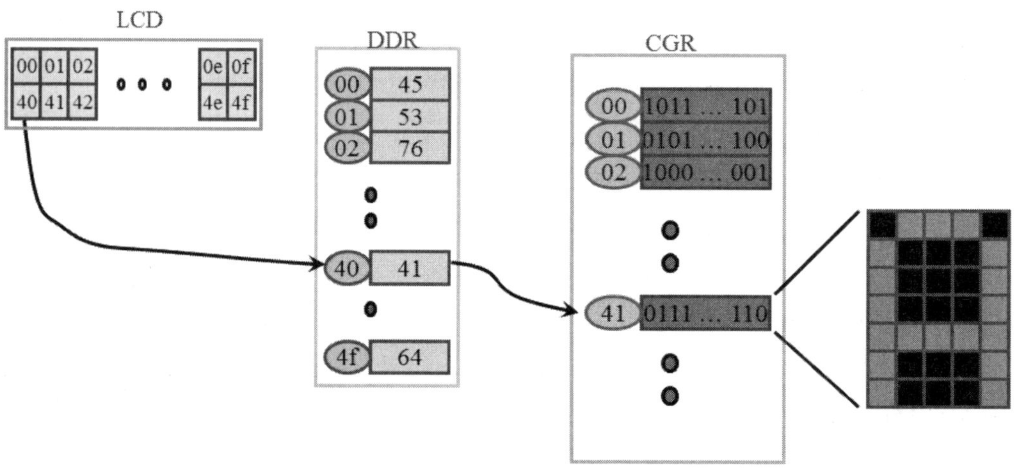

그림 15.3 LCD에 글자가 쓰이는 과정 개념도

15.2 설계 실습

이제 이와 같은 LCD의 동작 원리를 이해하고, FSK III에 있는 LCD에 우리가 원하는 글자를 써 보도록 하자.

그림 15.4에 Verilog 소스 코드를 보였다.

```
`timescale 1ns / 1ps

module clcd
(
/****************************************************
** Input Signal Define                            **
****************************************************/
input   wire                clk         ,
input   wire                rstb        ,

/****************************************************
** Output Signal Define                           **
****************************************************/
output   wire [7:0]        lcd_d       ,
output  wire                lcd_rs      ,
output  wire                 lcd_rw      ,
output  wire                 lcd_e
);

/****************************************************
** Reg 정의                                                     **
****************************************************/
reg    [19:0]    clk_cnt   ;
reg                clk_50   ;
reg    [8:0]     lcd_cnt ;
reg    [7:0]     lcd_db   ;

/****************************************************
** Wire 정의                                                    **
****************************************************/
wire    [7:0]     lcd_state ;

/****************************************************
 50 Hz  Clock 생성 : 100MHz를 200만 분주하여 50Hz 생성
****************************************************/
always @(posedge clk or negedge rstb) begin
    if (!rstb) begin
        clk_cnt    <=   20'd0;
        clk_50 <= 0;   end
    else begin
        if (clk_cnt == 20'd999999) begin    // 정상동작시 선택
//          if (clk_cnt == 20'd1) begin          // 시뮬레이션시 선택
            clk_cnt        <= 0;
            clk_50 <= ~clk_50; end
        else begin
            clk_cnt        <= clk_cnt + 1;
        end
```

```
    end
end


/******************************************************
** lcd_cnt를 만들고, 이를 이용하여 lcd_state도 생성
******************************************************/
always @(posedge clk_50 or negedge rstb)        begin
            if (!rstb)    lcd_cnt  <= 0;
            else   begin
                     if (lcd_cnt == 9'b001101001)
                              lcd_cnt  <= 0;
                     else
                              lcd_cnt  <= lcd_cnt + 1;

            end
end


assign lcd_state = {lcd_cnt[8:1]};

/******************************************************
** LCD에 글자 써 넣기
******************************************************/
always @( * ) begin
      case (lcd_state)
            8'h00 :  lcd_db = 8'b00111000 ;   // Function set
            8'h01 :  lcd_db = 8'b00001000;    // Display OFF
            8'h02 :  lcd_db = 8'b00000001;    // Display clear
            8'h03 :  lcd_db = 8'b00000110;    // Entry mode set
            8'h04 :  lcd_db = 8'b00001100;    // Display ON
            8'h05 :  lcd_db = 8'b00000011;    // Return Home

            8'h06 :  lcd_db = 8'h4C;          // L
            8'h07 :  lcd_db = 8'h49;          // I
            8'h08 :  lcd_db = 8'h42;          // B
            8'h09 :  lcd_db = 8'h45;          // E
            8'h0A :  lcd_db = 8'h52;          // R
            8'h0B :  lcd_db = 8'h54;          // T
            8'h0C :  lcd_db = 8'h52;          // R
            8'h0D :  lcd_db = 8'h4F;          // O
            8'h0E :  lcd_db = 8'h4E;          // N
            8'h0F :  lcd_db = 8'h20;          // 공백
            8'h10 :  lcd_db = 8'h43;          // C
            8'h11 :  lcd_db = 8'h6F;          // o
            8'h12 :  lcd_db = 8'h20;          // 공백
            8'h13 :  lcd_db = 8'h4C;          // L
```

```
            8'h14 :  lcd_db = 8'h74;           // t
            8'h15 :  lcd_db = 8'h64;           // d

            8'h16 :  lcd_db = 8'hC0;           // Change Line

            8'h17 :  lcd_db = 8'h46;           // F
            8'h18 :  lcd_db = 8'h50;           // P
            8'h19 :  lcd_db = 8'h47;           // G
            8'h1A :  lcd_db = 8'h41;           // A
            8'h1B :  lcd_db = 8'h20;           // 공백
            8'h1C :  lcd_db = 8'h53;           // S
            8'h1D :  lcd_db = 8'h74;           // t
            8'h1E :  lcd_db = 8'h61;           // a
            8'h1F :  lcd_db = 8'h74;           // t
            8'h20 :  lcd_db = 8'h65;           // e
            8'h21 :  lcd_db = 8'h72;           // r
            8'h22 :  lcd_db = 8'h20;           // 공백
            8'h23 :  lcd_db = 8'h4B;           // K
            8'h24 :  lcd_db = 8'h69;           // i
            8'h25 :  lcd_db = 8'h74;           // t
            8'h26 :  lcd_db = 8'h33;           // 3

    /****************************************************
          쓰인 글자를 전체적으로 Display OFF와 ON을 반복
    ****************************************************/
        8'h27 : lcd_db = 8'h08;        // Display Off
        8'h28 : lcd_db = 8'h08;        // Display Off
        8'h29 : lcd_db = 8'h08;        // Display Off
        8'h2A : lcd_db = 8'h08;        // Display Off

        8'h2B : lcd_db = 8'h0C;        // Display On
          8'h2C : lcd_db = 8'h0C;        // Display On
          8'h2D : lcd_db = 8'h0C;        // Display On
          8'h2E : lcd_db = 8'h0C;        // Display On

          8'h2F : lcd_db = 8'h08;      // Display Off
          8'h30 : lcd_db = 8'h08;        // Display Off
          8'h31 : lcd_db = 8'h08;        // Display Off
          8'h32 : lcd_db = 8'h08;        // Display Off

          8'h33 : lcd_db = 8'h0C;        // Display On
          8'h34 : lcd_db = 8'h0C;        // Display On

          default :  lcd_db = 8'h00;    // null
    endcase;
end
```

```
/*****************************************************
** LCD Control
*****************************************************/
assign lcd_rw = 1'b0 ;  // write mode
assign lcd_e = lcd_cnt[0]; // lcd_cnt[0]가 0,1을 반복하는 것을 E 신호에 활용

// lcd_stata 가 0에서 5까지와 16, 그리고 27에서 34까지만  rs=0 (명령어),
// 그 외는 rs=1(데이터)
assign lcd_rs = ( (lcd_state >= 8'h00 && lcd_state <= 8'h05) ||
                  (lcd_state == 8'h16)
               || (lcd_state >= 8'h27 && lcd_state <= 8'h34) )? 1'b0 : 1'b1 ;
assign lcd_d = lcd_db ;  // lcd data (명령어 및 데이터 모두)

endmodule
```

그림 15.4 글자 LCD 제어기 Verilog 코드

그럼 코드를 차례대로 살펴보기로 하자.

시작하는 부분에서 입출력 신호들과 설계 내부에서 필요한 reg, wire 신호들을 정의하고 있다.

이후 시스템 클록인 100 MHz 신호를 받아 이것을 200만 분주하여 50 Hz의 클록 신호를 생성한다. 이 신호를 글자 LCD 구동의 기본 클록으로 사용한다.

이 만들어진 50 Hz 클록신호를 카운트 하여 lcd_cnt 라는 신호를 만들어 낸다. 이 lcd_cnt의 상위 8 비트를 lcd_state 값으로 사용한다.

그 다음 부분에서는 0부터 차례대로 커지는 lcd_state 값에 따라, 순차적으로 적절한 제어를 하고 있다. 맨 끝 부분에는 LCD를 제어하기 위한 lcd_e, lcd_rw, lcd_rs 신호를 만들고 있다.

lcd_cnt[0]를 lcd_e 신호로 사용한다. lcd_cnt[0]는 카운트를 진행하면 0과 1을 반복하게 되어 있는데, LCD에 명령어나 데이터를 써 넣을 때는 제어신호 E가 반드시 0에서 1로 변하는 에지가 있어야하기 때문이다. lcd_rw는 여기서는 모두 write 모드로 사용하므로 0으로 하였다. lcd_rs는 lcd_state 값에 따라 결정하도록 되어 있다. 즉, 그 값이 16진수로 0에서 5까지, 16일 때 그리고 27에서 34까지는 LCD에 보내는 명령어이므로, lcd_rs를 0으로 하고, 나머지는 정해진 위치에 쓰고 싶은 글자에 대한 데이터이기 때문에 lcd_rs를 1로 정해준다.

이에 대한 동작 개념은 그림 15.5에 보이는 시뮬레이션 출력 파형을 보면 보다 이해하기 쉬울 것이다.

이제 테스트 벤치 코드를 작성하여 시뮬레이션을 하여 보자. 다만 실제적인 분주 클록인 50 Hz 짜리로 시뮬레이션을 하면 시간이 많이 소요되므로, 시뮬레이션을 할 때는 정상 동작에서 쓰이는 24'd999999 값 대신 훨씬 작은 값인 24'd1 같은 값으로 대체하여 시뮬레이션 한다.

시뮬레이션을 하기를 권장하지만, 글자 LCD 같은 경우 바로 동작이 확인되므로 시뮬레이션을 생략할 수도 있겠다.

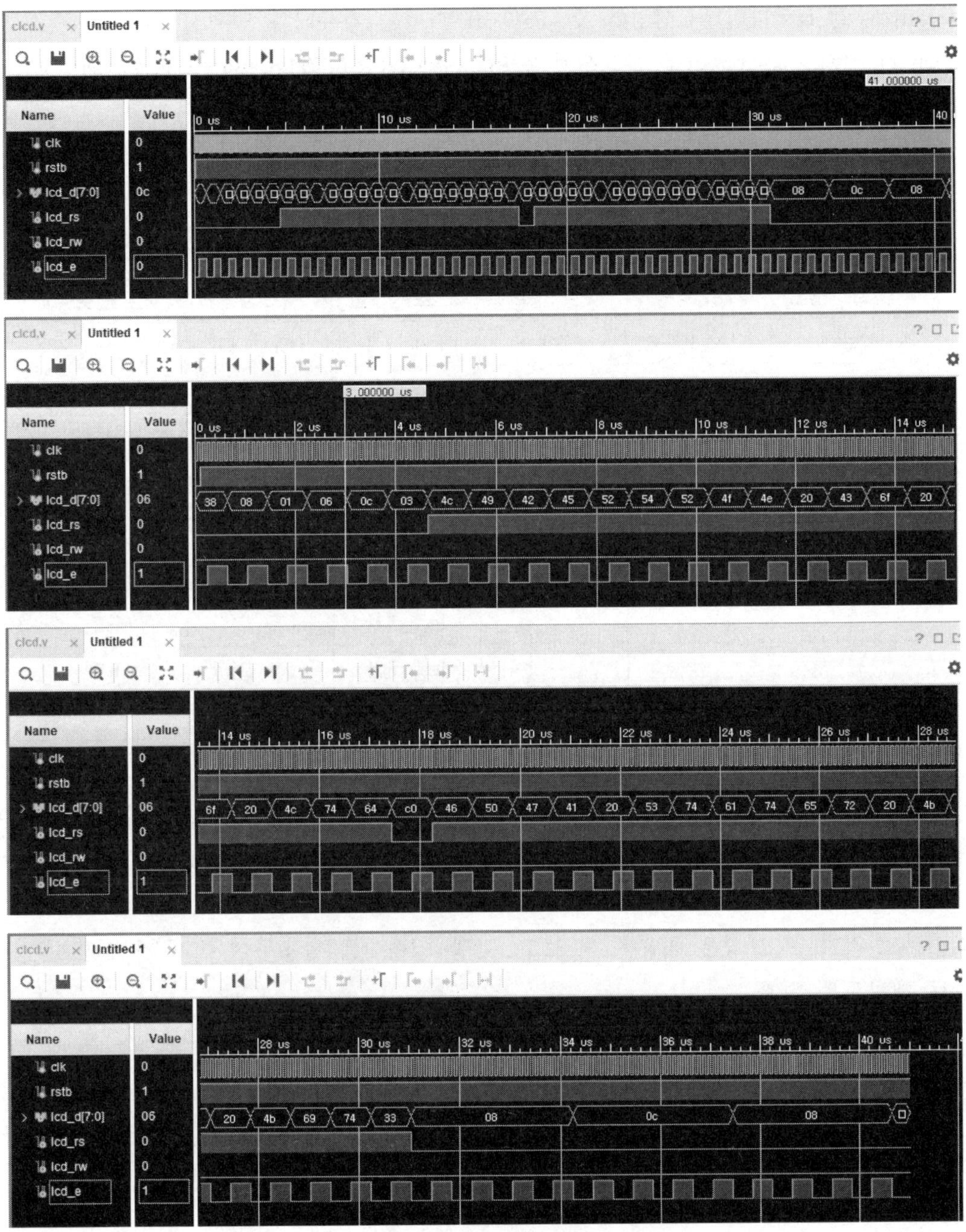

그림 15.5 시뮬레이션 출력 파형

시뮬레이션을 한 후에는 이제 트레이닝 키트를 활용하여 동작 검증을 한다. 이때 입출력 신호에 대한 핀 할당은 다음 표 15.3과 같이 하여 준다. 그와 같은 정보를 가지고 Constraints 파일인 XDC 파일을 편집하고, 그것이 반영되도록 Synthesis 와 Implementation을 실행시킨다. 그 후

Bitstream 파일(.bit 파일)을 생성한 후, FSK III 키트를 컴퓨터와 연결시킨다.

Open Hardware Manager를 실행시켜 Xilinx FPGA (xc7a75tfgg484)를 프로그램(configure)한다.

표 15.3 글자 LCD 제어기의 핀 할당

입력			출력		
신호 이름	키트 이름	핀 번호	신호 이름	키트 이름	핀 번호
clk	CLK_100M	R4	lcd_d[7]	LCD_D[7]	AA4
rstb	SYS_RSTB	U7	lcd_d[6]	LCD_D[6]	Y4
lcd_e	LCD_EN	V3	lcd_d[5]	LCD_D[5]	AB5
lcd_rs	LCD_A0	AA1	lcd_d[4]	LCD_D[4]	AA5
lcd_rw	LCD_A1	AB1	lcd_d[3]	LCD_D[3]	AA3
			lcd_d[2]	LCD_D[2]	Y3
			lcd_d[1]	LCD_D[1]	AB2
			lcd_d[0]	LCD_D[0]	AB3

Configuration이 완료되고 나면 LCD에 FSK III를 개발한 회사명과 키트명이 차례대로 나오고, 다 써진 다음에는 전체 Display를 지웠다가 다시 표시하는 동작을 2번 하는 것을 볼 수 있을 것이다.

여러분도 각자 쓰고 싶은 내용을 써 보고, 각종 명령어를 활용하여 여러 가지 표시 방법도 테스트 해보도록 하자.

16장 피에조 부저 제어기의 설계

16.1 설계 개요

피에조 부저(Piezo Buzzer)란 피에조 효과 또는 압전 효과라는 원리를 이용하여 소리를 만들어 내는 소자를 말한다. 압전 효과란 수정이나 세라믹 같은 물질에 압력을 주면 전기적 신호가 발생하거나 반대로 전기적 신호를 주면 물질이 힘을 받아 변형이 오는 효과를 말한다. 따라서 피에조 부저에 전기 신호를 인가하면 물질이 변형되면서 공기 입자가 힘을 받아 압력 차이가 발생하며 음파를 만들어 내는 것이다.

FSK III에 사용하고 있는 피에조 부저는 TDK사의 PS1420P02CT로 그림 16.1에 그 모양과 응용 회로를 보였다.

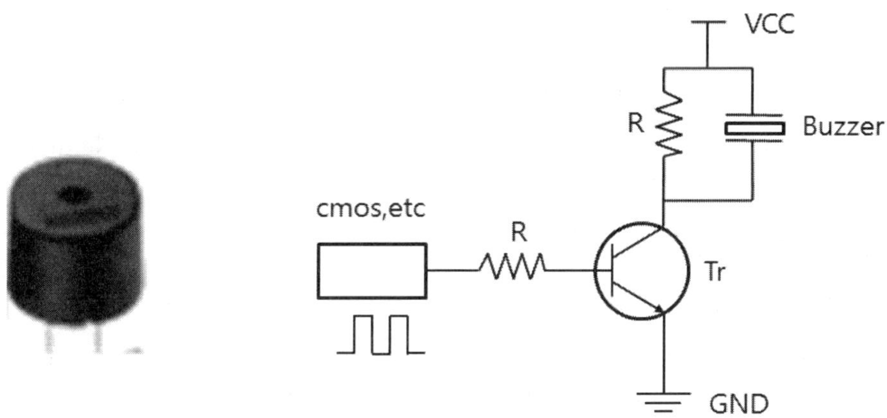

그림 16.1 피에조 부저의 모양과 응용회로

16.2 설계 실습

여기서는 피에조 부저를 사용하여 간단한 음악을 만들어 보고자 한다. 소리가 높고 낮게 달리 들리게 하려면 서로 다른 주파수의 신호를 부저로 보내주면 된다. 그러므로 그 주파수를 FPGA에서 출력시켜 준다면 그 주파수에 따라 생기는 음계에 따르는 출력음을 들을 수 있을 것이다.

각 음계에 대한 주파수 값을 다음 표 16.1에 보였다.

표 16.1 피에조 부저 음계 주파수 표

음계 \ 옥타브	1	2	3	4	5	6
C(도)	32.7032	65.4064	130.8128	261.6256	523.2511	1046.502
C#	34.6478	69.2957	138.5913	277.1826	554.3653	1108.731
D(레)	36.7081	73.4162	146.8324	293.6648	587.3295	1174.659
D#	38.8909	77.7817	155.5635	311.1270	622.2540	1244.508
E(미)	41.2034	82.4069	164.8138	329.6276	659.2551	1318.510
F(파)	43.6535	87.3071	174.6141	349.2282	698.4565	1396.913
F#	46.2493	92.4986	184.9972	369.9944	739.9888	1479.978
G(솔)	48.9994	97.9989	195.9977	391.9954	783.9909	1567.982
G#	51.9130	103.8262	207.6523	415.3047	830.6094	1661.219
A(라)	55.000	110.000	220.000	440.0000	880.000	1760.000
A#	58.2705	116.5409	233.0819	466.1638	932.3275	1864.655
B(시)	61.7354	123.4708	246.9417	493.8833	987.9666	1975.533

위의 음계를 바탕으로 3옥타브의 도레미솔라(C, D, E, G, A)의 5개음을 출력시켜 "학교종"을 연주할 수 있게 만들어 보려 한다. 건반으로는 FSK III에 있는 5개의 푸시 스위치를 사용한다.

음이 나와야 할 것은 도(130.8128), 레(146.8324), 미(164.8138), 솔(195.9977), 라(220.0000)이다. 가능한 이런 값들에 가까운 주파수를 만들고자 한다. FSK III의 시스템 클록은 100 MHz이므로 이를 분주하여 필요한 주파수를 생성하면 된다. 예로, 도 음의 경우 100 M를 764,440 분주를 하면 약 130.81 Hz가 된다.

그런데 이렇게 큰 값으로 분주하기는 무리이므로 모든 주파수를 10배 한 값을 새로운 목표 주파수로 하겠다. 서로 상대적인 주파수 차이가 음으로 구분되므로 그렇게 하였다.

표 16.2에 다섯 음에 대한 이러한 것들을 정리하여 보았다.

그림 16.2에 Verilog 소스 코드를 보였다.

표 16.2 다섯 음을 위한 분주값 및 누름키

음	분주값	주파수 (Hz)	누름 키
도	76,444	1308.147	PUSH_SW_DOWN
레	68,104	1468.343	PUSH_SW_LEFT
미	60,674	1648.152	PUSH_SW_MID
솔	51,020	1960.016	PUSH_SW_RIGHT
라	45,454	2200.026	PUSH_SW_UP

```
`timescale 1ns / 1ps

module buzzer(clk,sw_up,sw_left,sw_mid,sw_right,sw_down,buzz);
/*********************************************************
** 입력 신호 정의                                          **
*********************************************************/
//input     clk,sw_up,sw_left,sw_mid,sw_right,sw_down   ;
input     clk    ;
input  sw_up   ;
input  sw_left   ;
input  sw_mid   ;
input  sw_right   ;
input  sw_down    ;

/*********************************************************
** 출력 신호 정의                                          **
*********************************************************/
output   buzz          ;

/*********************************************************
** Reg 정의                                                **
*********************************************************/
reg    [17:0]   clk_cnt1  ;
reg    [17:0]   clk_cnt2  ;
reg    [17:0]   clk_cnt3  ;
reg    [17:0]   clk_cnt4  ;
reg    [17:0]   clk_cnt5  ;

reg      [4:0]   buzz_tmp ;

/*********************************************************
** 도 음을 위한 주파수 생성 (1308.147 Hz) 100M 를 76,444분주
*********************************************************/
always @(posedge clk or posedge sw_down) begin
```

```
    if (!sw_down) begin
        clk_cnt1    <=  18'd0;
        buzz_tmp[0] <= 0;   end
    else begin
        if (clk_cnt1 == 18'd38221) begin
            clk_cnt1       <= 17'd0;
            buzz_tmp[0] <= ~buzz_tmp[0]; end
        else
            clk_cnt1       <= clk_cnt1 + 1;
    end
end

/*****************************************************
** 레 음을 위한 주파수 생성 (1468.343 Hz) 100M 를 68,104분주
*****************************************************/
always @(posedge clk or posedge sw_left) begin
    if (!sw_left) begin
        clk_cnt2    <=  18'd0;
        buzz_tmp[1] <= 0;   end
    else begin
        if (clk_cnt2 == 18'd34051) begin
            clk_cnt2       <= 17'd0;
            buzz_tmp[1] <= ~buzz_tmp[1]; end
        else
            clk_cnt2       <= clk_cnt2 + 1;
    end
end

/*****************************************************
** 미 음을 위한 주파수 생성 (1648.152 Hz) 100M를 60,674분주
*****************************************************/
always @(posedge clk or posedge sw_mid) begin
    if (!sw_mid) begin
        clk_cnt3    <=  18'd0;
        buzz_tmp[2] <= 0;   end
    else begin
        if (clk_cnt3 == 18'd30336) begin
            clk_cnt3       <= 17'd0;
            buzz_tmp[2] <= ~buzz_tmp[2]; end
        else
            clk_cnt3       <= clk_cnt3 + 1;
    end
end
/*****************************************************
** 솔 음을 위한 주파수 생성 (1960.016 Hz) 100M 를 51,020분주
*****************************************************/
always @(posedge clk or posedge sw_right) begin
```

```
    if (!sw_right) begin
        clk_cnt4    <=  18'd0;
        buzz_tmp[3] <= 0;   end
    else begin
        if (clk_cnt4 == 18'd25509) begin
            clk_cnt4     <= 17'd0;
            buzz_tmp[3] <= ~buzz_tmp[3]; end
        else
            clk_cnt4     <= clk_cnt4 + 1;
    end
end

/*****************************************************
** 라 음을 위한 주파수 생성 (2200.026 Hz) 100M 를 45,454분주
*****************************************************/
always @(posedge clk or posedge sw_up) begin
    if (!sw_up) begin
        clk_cnt5    <=  18'd0;
        buzz_tmp[4] <= 0;   end
    else begin
        if (clk_cnt5 == 18'd22726) begin
            clk_cnt5     <= 17'd0;
            buzz_tmp[4] <= ~buzz_tmp[4]; end
        else
            clk_cnt5     <= clk_cnt5 + 1;
    end
end

assign buzz = buzz_tmp[0] | buzz_tmp[1] | buzz_tmp[2] | buzz_tmp[3] | buzz_tmp[4];

endmodule
```

그림 16.2 피에조 부저 제어기 Verilog 코드

코드에 대해 설명하고자 한다. 이 코드는 결국 5개의 주파수 분주 블록으로 이루어져 있다. 각 음에 할당된 키를 누르게 되면 그 음에 맞는 주파수를 갖는 클록 신호들을 만들게 되어 있는 것이다. 주파수 분주 코드는 이전 장에서도 설명한 것이므로 여기서는 생략하고자 한다.

테스트 벤치 코드를 만들어 시뮬레이션을 해보자. 5개의 주파수 분주 블록의 동작을 검증할 수 있다. 그림 16.3에 시뮬레이션 결과 파형을 보였다. 5개음의 주파수 차이는 크지 않기 때문에 눈으로 보기에는 비슷할 수 있다. 그래도 순서는 도, 솔, 레, 라, 미의 순서로 하여 조금이라도 파형의 변화가 잘 보이도록 하였다.

이번 시뮬레이션은 실제로 100 MHz 클록 신호를 입력으로 하고 50 ms 까지 진행하였다.

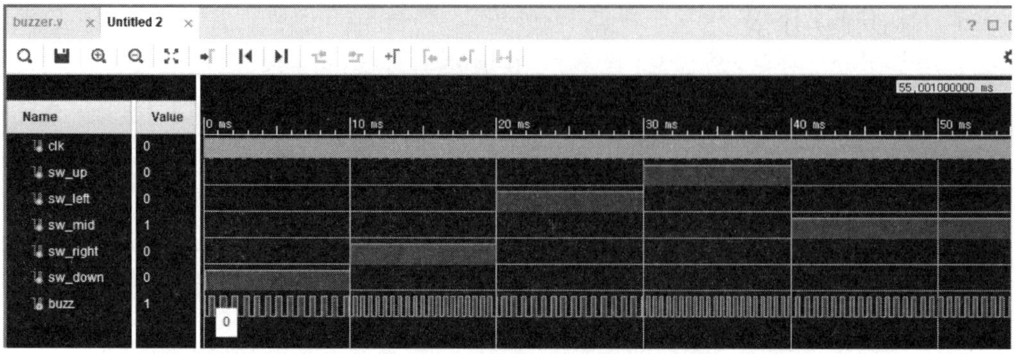

그림 16.3 피에조 부저 제어기 시뮬레이션 결과 파형 1

각각의 신호의 주파수는 아래 그림 16.4와 같이 확대하여 들어가서 마커를 이용하여 주기를 알아낸 다음, 역수를 취하여 알아낸다.

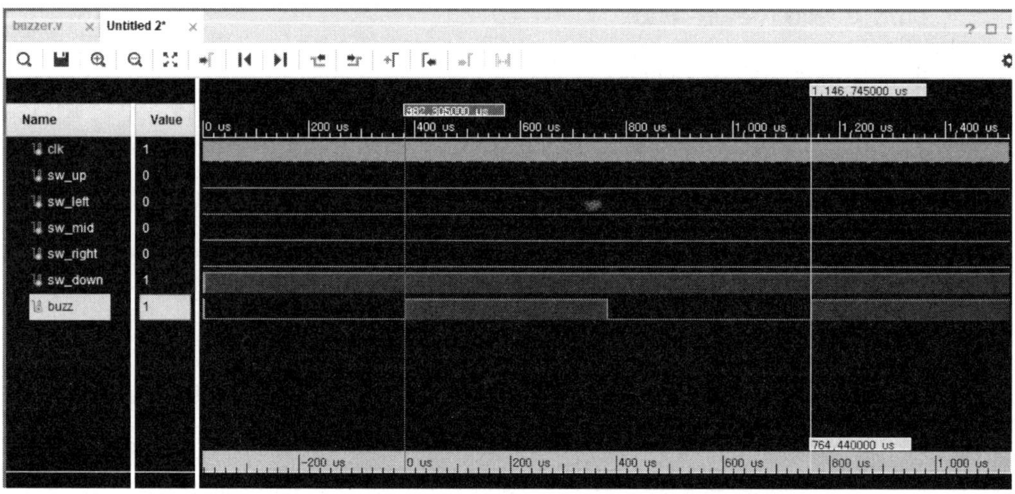

그림 16.4 피에조 부저 제어기 시뮬레이션 결과 파형 2

그림에서처럼 첫 번째 신호는 주기가 764.44 us이므로 주파수는 1/764.44 u = 1308.147 Hz가 되어 우리가 목표했던 주파수임을 확인할 수 있다.

시뮬레이션을 한 후에는 이제 트레이닝 키트를 활용하여 동작 검증을 한다. 이때 입출력 신호에 대한 핀 할당은 다음 표 15.3과 같이 하여 준다.

그와 같은 정보를 가지고 Constraints 파일인 XDC 파일을 편집하고, 그것이 반영되도록 Synthesis 와 Implementation을 실행시킨다. 그 후 Bitstream 파일(.bit 파일)을 생성한 후, FSK III 키트를 컴퓨터와 연결시킨다.

Open Hardware Manager를 실행시켜 Xilinx FPGA(xc7a75tfgg484)를 프로그램(configure) 한다.

표 16.3 피에조 부저 제어기의 핀 할당

입력			출력		
신호 이름	키트 이름	핀 번호	신호 이름	키트 이름	핀 번호
clk	CLK_100M	R4	buzz	BUZZ	J16
sw_down	PUSH_SW_DOWN	F21			
sw_left	PUSH_SW_LEFT	D21			
sw_mid	PUSH_SW_MID	G21			
sw_right	PUSH_SW_RIGHT	G22			
sw_up	PUSH_SW_UP	E21			

Configuration이 완료되고 난 후 특별히 시각적으로 나타나는 것은 없다.

이제 키트상에 있는 5개의 푸시 버튼을 피아노의 건반처럼 생각하여 눌러 주면서 '학교종' 동요를 연주해 보자.

표 16.4에 참고로 '학교종' 동요의 계명을 보였다.

표 16.4 학교종 동요 계명

가사	학	교	종	이		땡	땡	땡		어	서		모	이	자
계명	솔	솔	라	라		솔	솔	미		솔	솔		미	미	레
가사	선	생	님	이		우	리	를		기	다	리	신	다	
계명	솔	솔	라	라		솔	솔	미		솔	미	레	미	도	

17장 VGA 모니터 제어기의 설계

17.1 설계 개요

본 실습에서는 실험실 주변에서 널리 보급되어 있는 모니터로 실습하는 것으로 한다.

보통 PC에서는 그래픽 카드나 그래픽 칩에서 영상 신호를 만들어 출력해 주면 여기에 모니터를 연결하여 영상을 볼 수 있게 된다. FSK III에서에서는 따로 이러한 것들을 사용하지 않고 FPGA에서 영상 신호를 직접 생성하여 VGA 포트로 출력한 후, 여기에 모니터를 연결하여 동작을 확인하고자 한다.

원래 VGA(Video Graphics Array)는 1987년 IBM에 의해서 개발된 표준 그래픽으로 640×480 16칼라나 320×200 256칼라 사양이다. 이후 계속적으로 발전되어 Super VGA(XGA)가 개발되어 널리 사용되었다. XGA는 1024×768 256칼라가 기본 사양이다. 본 실습에서도 XGA 출력을 생성하고자 한다. VGA나 XGA에 대한 상세한 사양에 대한 설명은 다른 문헌을 참고하기로 하고 여기서는 그래픽에 대한 기본적인 개념들만 설명하고자 한다.

모니터는 수많은 화소로 글씨나 동영상을 표현한다. 이 수많은 화소를 컨트롤해야 LCD에서 제대로 된 화면으로 출력이 나타나게 된다. 이때 모니터를 컨트롤하기 위한 주요 신호들에 대해 알아보자.

Pixel 클록, Hsync, Vsync, RGB 등의 신호가 모니터에 연결된다. 즉, FPGA에서 주요하게 제어해야 할 신호들인 것이다.

Pixel 클록은 모니터의 각 Pixel의 색을 표현하기 위해서 사용되는 클록이다.

Hsync는 모니터가 동작하기 위해 사용하는 수평동기 신호이다. 즉, 이 신호는 수평 즉 가로줄의 시작을 표현하는 시그널이다. 일반적으로 모니터가 640×480로 표시를 한다면, 이때 480이 한 화면에서 Hsync 신호 개수에 해당하고, 640은 Hsync와 Hsync 사이에 픽셀이 640개가 존재한다는 것을 의미하며, 따라서 Pixel 클록도 640개가 있어야 한다.

한 화면을 나타내기 위해서 Hsync가 수평에 대한 동기 신호로 사용된다면, Vsync는 매 화면마다의 동기를 맞추어 주기 위해 사용되는 신호이다. 즉 한 화면마다 하나씩 있어야 하는 신호이다. 따라서 640x480이라면 Vsync와 Vsync 사이에는 480개의 Hysnc를 포함한다는 의미가 된다.

우리가 구현하는 1024×768 XGA에 대해 그림 17.1에 주요 신호들에 대한 개념도를 보였다.

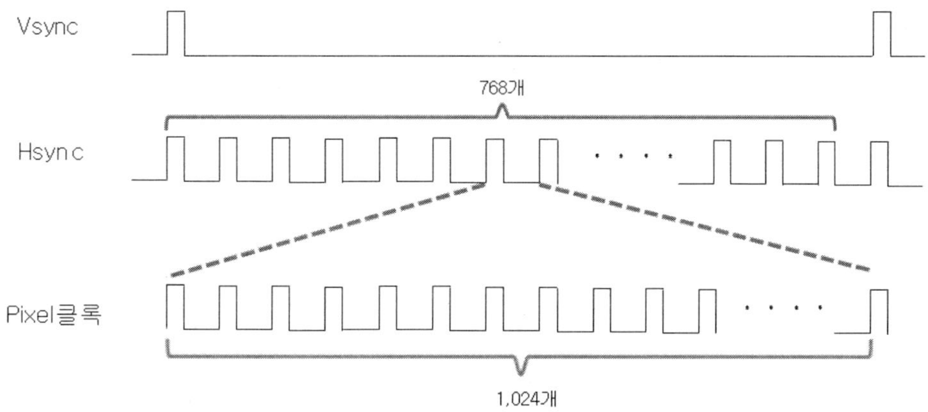

그림 17.1 1024×768 XGA의 주요 신호들

그런데 Pixel 클록은 VGA 포트로 내보내지지는 않는다. 다만 그 클록에 맞춰 표현하고픈 색상에 대한 정보(전압값)만 전송된다.

그리고 그림 17.1은 전체적인 동작 개념을 보여주기 위한 그림일 뿐이고, 실제로 Hsync나 Vsync 신호를 보다 정확하게 표현하면 그림 17.2와 같다. 즉 XGA 신호를 받아 영상을 표현해주는 모니터에서의 회로 동작이 원활히 이루어지기 위해 Front porch, Back porch 같은 여분의 시간들을 갖게끔 사양이 정해져 있는 것이다.

그리고 Sync 신호의 모양은 그림과 같은 Active-high일 수도 있고, 아니면 완전히 반전된 Active-low일 수도 있다.

이런 시간들에 대한 정확한 값은 관련 자료를 참고하기 바라고 여기서는 언급하지 않으려 한다.

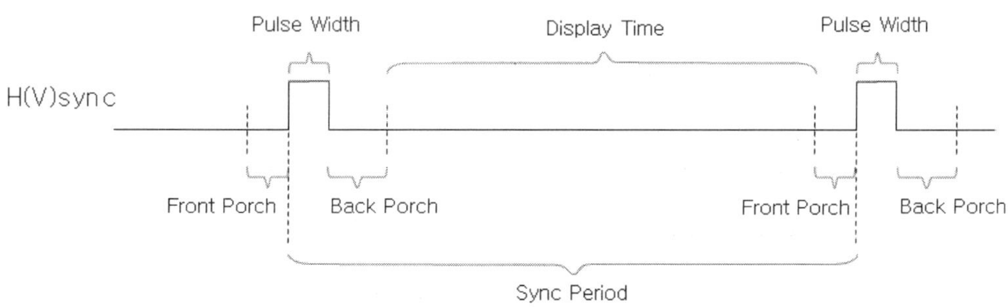

그림 17.2 Sync 신호

RGB 신호는 VGA 사양에서는 R, G, B가 각각 전압 레벨 값으로 나타난다. 즉, 아날로그 신호이다. 색이 결정되는 원리는 그림 17.3와 같은 3차원 모델로 되어 있다.

즉, R값만 최대값이고, G, B값이 최소이면 이 때는 적색이며, 모두가 최소값일 때는 검정색, 모두가 최대값일 때는 흰색이 되는 것이다.

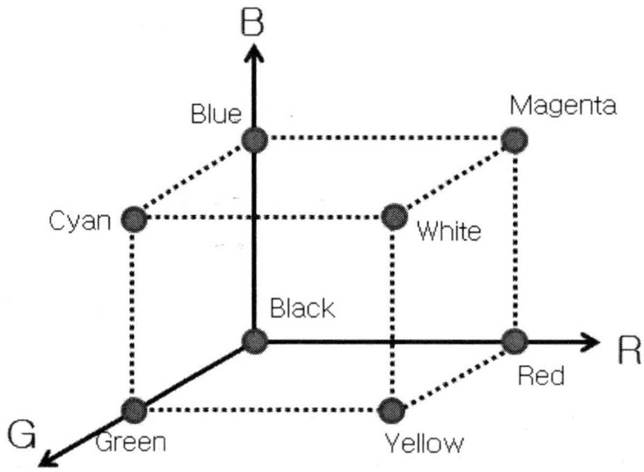

그림 17.3 RGB 3차원 모델

본 실습에서는 R, G, B 전압 레벨을 결정하기 위한 데이터로는 각각에 대해 4비트를 할당하여 사용한다. 즉, 0이 최소값, 15가 최대값이 되는 것이다. 이제 4비트의 값에 비례하는 전압 값을 출력해 주는 회로, 즉 일종의 DAC(Digital to Analog Converter) 회로가 필요하다. FSK III에서는 가장 간단한 형태의 DAC를 보드에 구현하였다. 그림 17.4에 보이는 회로이다.

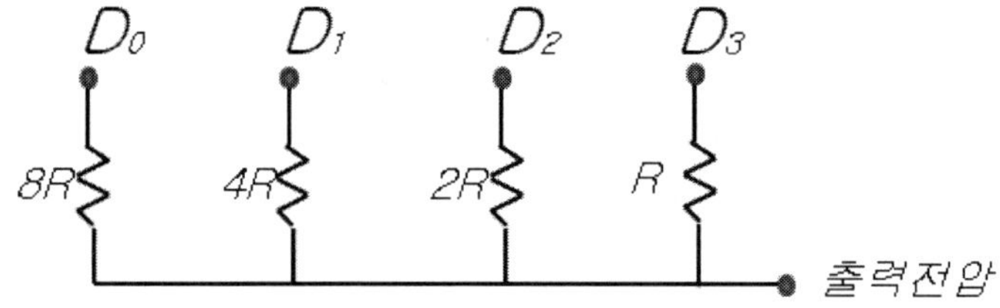

그림 17.4 4비트 DAC 회로

위 회로에서 4비트 중에 하나의 비트만 High이고, 나머지 비트들 모두 Low일 때의 전압을 계산해 보면 표 17.1과 같다. 즉 LSB부터 MSB까지 2의 배율로 커지고 있음을 볼 수 있다. 따라서 임의의 데이터에 대해 중첩의 원리를 적용하면 4비트 2진수의 크기에 비례하는 출력값이 얻어진다.

표 17.1 4비트 DAC 회로 출력 전압

데이터	출력 전압
0001	1/15 VH
0010	2/15 VH
0100	4/15 VH
1000	8/15 VH

17.2 설계 실습

이제 이와 같은 기본적인 이론을 바탕으로 Verilog 코드로 설계를 하여보자.

본 실습에서는 1024×768 65MHz 4K 칼라 XGA를 구현하고자 한다.

그런데 여기서 사용할 클록이 65 MHz로 FSK III 보드 클록인 100 MHz를 평범하게 분주해서는 얻기가 쉽지 않다. 따라서 여기서는 Vivado에서 제공되는 IP 생성 기능을 이용하고자 한다.

먼저 화면 왼편 윗부분에 있는 Flow Navigator → Project Manager 메뉴 중 가장 아래 있는 IP Catalog 명령어를 선택한다.

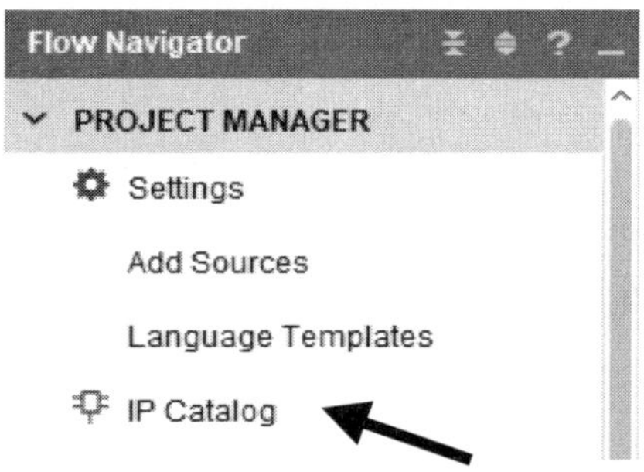

그림 17.5 IP Catalog 명령어 선택 화면

그러면 그림 17.6과 같은 화면이 나온다. 여기에는 매우 종류의 IP를 종류별로 분류해 놓았는데, 빨리 찾기 위해서는 오른편 위쪽에 있는 검색 기능을 이용한다. 검색어를 'clock'으로 치기만 하면 일치하는 메뉴들이 검색되어 화면 아래 부분에 나타난다.

나타난 메뉴 중에서 가장 아래쪽에 있는 Clocking Wizard를 선택한다. 이 메뉴는 clock 회로를 만드는 것을 도와주는 명령어이다.

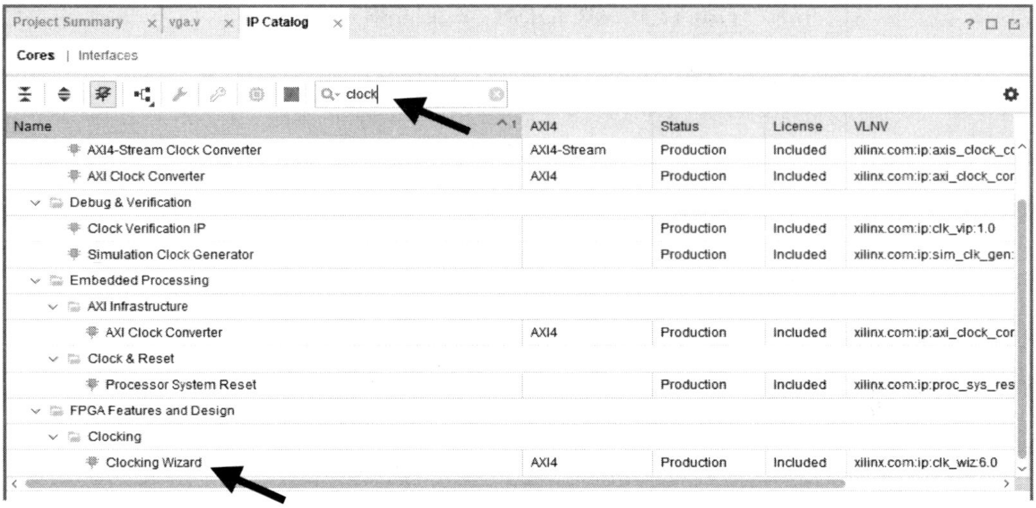

그림 17.6　Clocking Wizard 명령어 선택 화면

그러면 그림 17.7과 같은 화면이 나타난다.

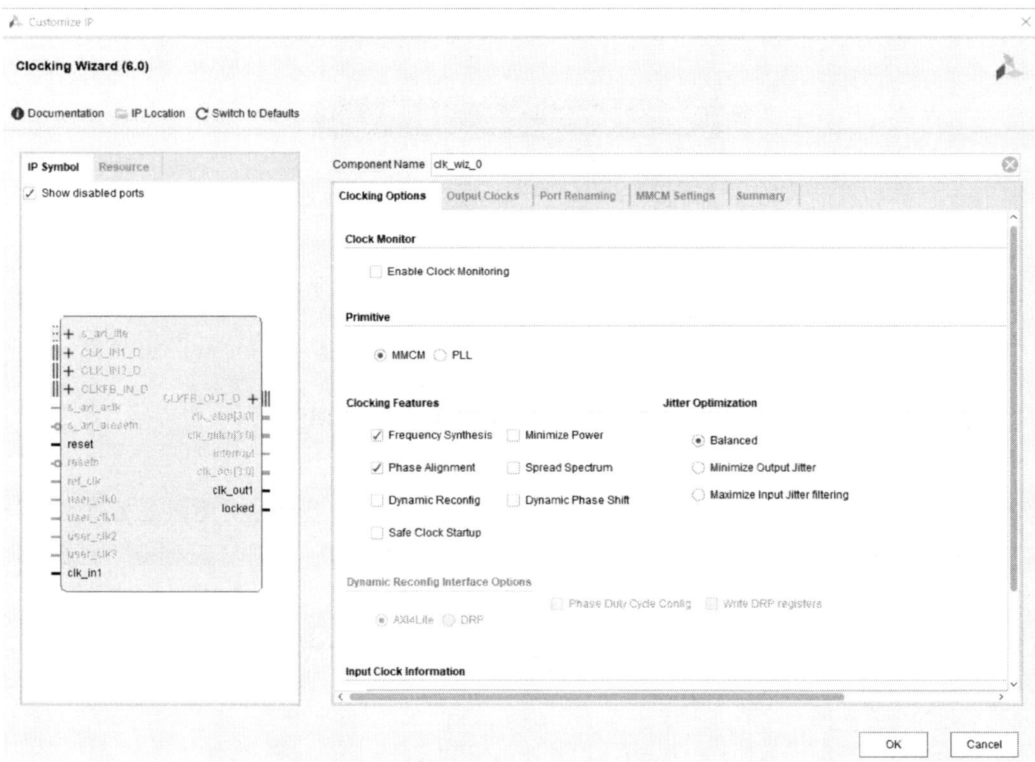

그림 17.7　Clocking Wizard 명령어 첫 화면

만들어질 부품(component)의 기본 이름이 clk_wiz_0 인 것을 기억하자. 나중 설계할 때 이 이름으로 사례화(instantiation)할 예정이다.

첫 번째 "clocking options" 탭에서는 특별히 고칠 부분은 없고, 입력 클록의 주파수를 지정해 주면 된다. 우리는 100 MHz로 한다.

두 번째 "Output Clocks" 탭에서는 원하는 출력 클록 신호 이름과 주파수를 지정해 준다. 여기서는 clk_out1 이란 이름과 65 MHz로 해 준다.

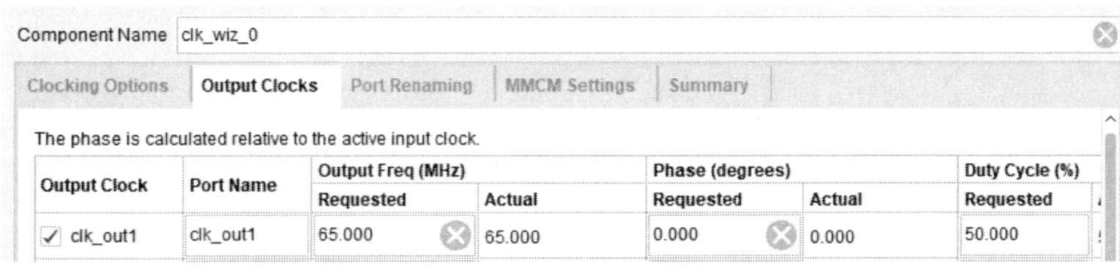

그림 17.8 출력 클록 신호 이름 및 주파수 지정 화면

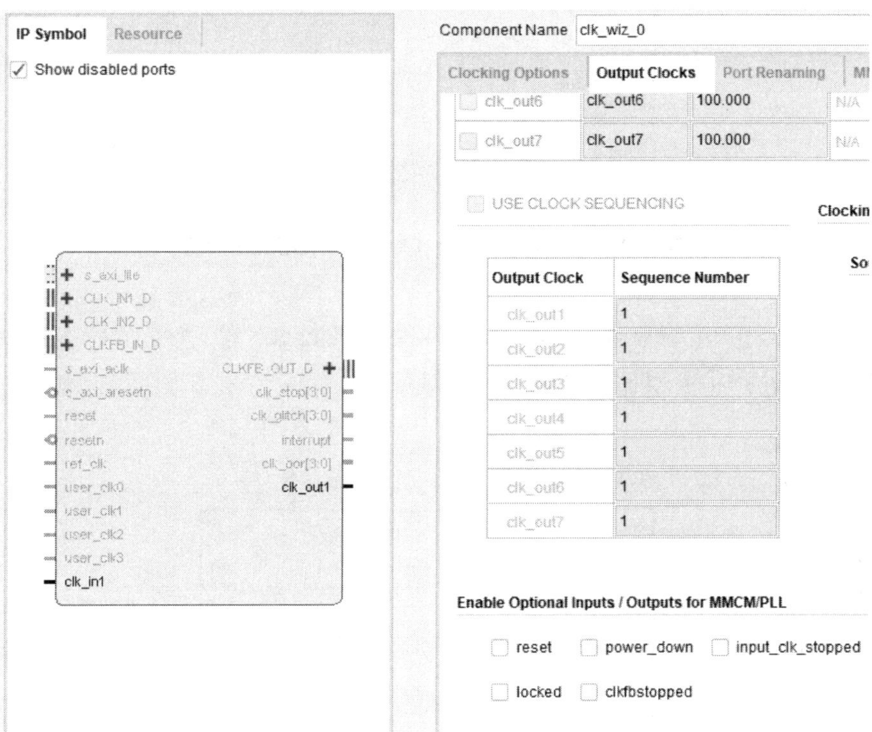

그림 17.9 Enable Optional Inputs/Outputs 지정 화면

그리고 가장 아래 부분에 있는 "Enable Optional Inputs/Outputs"에서 기본적으로 체크되어 있는 reset과 locked를 풀어준다. 이는 우리는 100M를 받아서 65M를 만들기만 하면 되기 때문이다. 바로 왼편에 보이는 심볼의 모양도 덩달아 같이 변하는 것을 볼 수 있다.

이와 같은 것을 그림 17.9에 보였다. 모두 지정해 주었으면 "OK" 버튼을 누르면 그림 17.10과 같은 Generate Output Products 화면이 나온다. 여기서 Generate 버튼을 누른다.

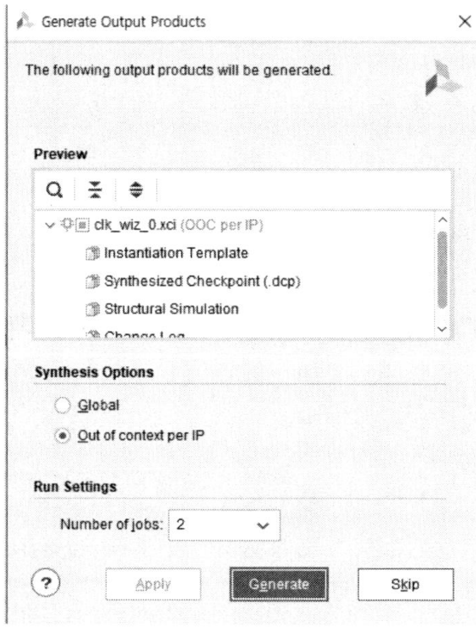

그림 17.10 Generate Output Products 화면

생성이 완료되고 나면 그림 17.11과 같이 Project Manager 창 안에 있는 Sources 창의 IP Sources 탭에서 만들어진 것을 확인할 수 있다.

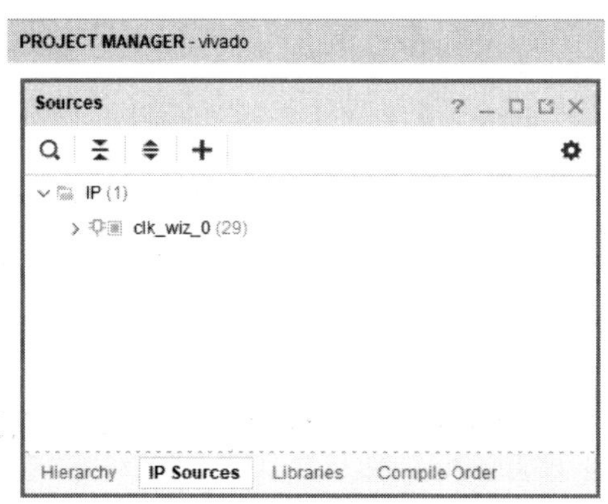

그림 17.11 IP Sources 화면

그림 17.12에 Verilog 코드를 보였다.

```
`timescale 1ns/ 1ps

module vga
#(
parameter Tvw        = 12'd6    ,   //VSYNC Pulse Width
parameter Tvbp       = 12'd29   ,   //VSYNC Back Porch
parameter Tvfp       = 12'd3    ,   //Vertical Front Porch
parameter Tvdw       = 12'd768  ,   //Vertical valid data width
parameter Thw        = 12'd136  ,   //HSYNC Pulse Width
parameter Thbp       = 12'd160  ,   //HSYNC Back Porch
parameter Thfp       = 12'd24   ,   //Horizontal Front Porch
parameter Thdw       = 12'd1024,    //Horizontal valid data width
parameter Vsync_pol = 1'b1      ,   //VSync Polarity, 1 = Active Low
parameter Hsync_pol = 1'b1          //HSync Polarity, 1 = Active Low
)

(
/*****************************************************
** Input Signal Define                               **
*****************************************************/
input  wire              clk          ,
input  wire              rstb         ,
input  wire              pattern_en   ,
input  wire [02:0]       pattern_sel  ,

/*****************************************************
** Output Signal Define                              **
*****************************************************/
output wire              vga_vs       ,
output wire              vga_hs       ,
output wire [03:0]       vga_r        ,
output wire [03:0]       vga_g        ,
output wire [03:0]       vga_b
);

/*****************************************************
** Parameter Definition                              **
*****************************************************/
localparam Tvp        = Tvw + Tvbp + Tvfp + Tvdw;//VSYNC Period
localparam Thp        = Thw + Thbp + Thfp + Thdw;//HSYNC Period
localparam VSYNC_ACT  = ~Vsync_pol;
localparam HSYNC_ACT  = ~Hsync_pol;
```

```
/*****************************************************
** Reg Definition                                                    **
*****************************************************/
reg    [03:0]   pat_sel_buf ;
reg    [11:0]   hcnt        ;
reg    [11:0]   vcnt        ;
reg    [11:0]   pat_hcnt    ;
reg    [11:0]   pat_vcnt    ;

reg               pat_vs      ;
reg               pat_hs      ;
reg               pat_de      ;
reg    [03:0]   pat_r       ;
reg    [03:0]   pat_g       ;
reg    [03:0]   pat_b       ;
wire             clk_65      ;


  clk_wiz_0 clock_gen_65
   (
    .clk_out1(clk_65),       // output 65 MHz
    .clk_in1(clk) );          // input  100 MHz

/*****************************************************
** Pattern Select Buffering
*****************************************************/
always @(posedge clk_65 or negedge rstb) begin
   if (!rstb) begin
        pat_sel_buf    <= 0;
   end
   else begin
        pat_sel_buf    <= pattern_sel;
   end
end

/*****************************************************
** HSYNC Period/VSYNC Period Count
*****************************************************/
always @(posedge clk_65 or negedge rstb) begin
   if (!rstb) begin
        hcnt    <= 0;
        vcnt    <= 0;
   end
```

```
    else begin
        /** HSYNC Period **/
        if (hcnt == (Thp - 1)) begin
            hcnt <= 0;
        end
        else begin
            hcnt <= hcnt + 1;
        end
        /** VSYNC Period **/
        if (hcnt == (Thp - 1)) begin
            if (vcnt == (Tvp - 1)) begin
                vcnt <= 0;
            end
            else begin
                vcnt <= vcnt + 1;
            end
        end
    end
end

/****************************************************
** VSYNC Signal Gen.
****************************************************/
always @(posedge clk_65 or negedge rstb) begin
    if (!rstb) begin
        pat_vs          <= VSYNC_ACT;
    end
    else begin
        if (hcnt == (Thp - 1)) begin
            if (vcnt == (Tvw - 1)) begin
                pat_vs <= ~VSYNC_ACT;
            end
            else if (vcnt == (Tvp - 1)) begin
                pat_vs <= VSYNC_ACT;
            end
        end
    end
end

/****************************************************
** HSYNC Signal Gen.
****************************************************/
always @(posedge clk_65 or negedge rstb) begin
```

```
    if (!rstb) begin
        pat_hs  <= HSYNC_ACT;
    end
    else begin
        if (hcnt == (Thw - 1)) begin
            pat_hs  <= ~HSYNC_ACT;
        end
        else if (hcnt == (Thp - 1)) begin
            pat_hs  <= HSYNC_ACT;
        end
    end
end

/*****************************************************
** HSYNC/VSYNC Data Enable Signal Gen.
*****************************************************/
always @(posedge clk_65 or negedge rstb) begin
    if (!rstb) begin
        pat_de    <= 0;
    end
    else begin
        if ((vcnt >= (Tvw + Tvbp)) && (vcnt <= (Tvp - Tvfp - 1))) begin
            if (hcnt == (Thw + Thbp - 1)) begin
                pat_de  <= 1;
            end
            else if (hcnt == (Thp - Thfp - 1))begin
                pat_de  <= 0;
            end
        end
    end
end

/*****************************************************
** Horizontal Valid Pixel Count
*****************************************************/
always @(posedge clk_65 or negedge rstb) begin
    if (!rstb) begin
        pat_hcnt      <= 0;
    end
    else begin
        if (pat_de) begin
            pat_hcnt  <= pat_hcnt + 1;
```

```
        end
        else begin
            pat_hcnt <= 0;
        end
    end
end

/****************************************************
** Vertical Valid Pixel Count
****************************************************/
always @(posedge clk_65 or negedge rstb) begin
    if (!rstb) begin
        pat_vcnt <= 0;
    end
    else begin
        if ((vcnt >= (Tvw + Tvbp)) && (vcnt <= (Tvp - Tvfp - 1))) begin
            if (hcnt == (Thp - 1)) begin
                pat_vcnt <= pat_vcnt + 1;
            end
        end
        else begin
                pat_vcnt <= 0;
        end
    end
end

/****************************************************
** Color Generator
****************************************************/
always @(posedge clk_65 or negedge rstb) begin
    if (!rstb) begin
        pat_r     <= 0;
        pat_g     <= 0;
        pat_b     <= 0;
    end
    else begin
      if (pattern_en) begin
        case (pat_sel_buf)
          // RED Pattern
          3'd0 : begin pat_r <= 4'd15; pat_g <= 0; pat_b <= 0; end
```

```
            // GREEN Pattern
            3'd1 : begin pat_r <= 4'd0; pat_g <= 4'd15; pat_b <= 0; end
            // BLUE Pattern
            3'd2 : begin pat_r <= 0; pat_g <= 0;  pat_b <= 4'd15; end
          // White Pattern
          3'd3 : begin pat_r <= 4'd15; pat_g <= 4'd15; pat_b <= 4'd15;  end
          // Black Pattern
          3'd4 : begin pat_r <= 0; pat_g <= 0;  pat_b <= 0;     end
          // Column Color Bar Pattern
          3'd5 : begin
              if (pat_hcnt < (Thdw/4)*1) begin
                    pat_r <= 4'd15;  pat_g <= 0;     pat_b <= 0;  end
              else if (pat_hcnt >= (Thdw/4)*1 && pat_hcnt < (Thdw/4)*2)
                  begin pat_r <= 0; pat_g <= 4'd15; pat_b <= 0;  end
              else if (pat_hcnt >= (Thdw/4)*2 && pat_hcnt < (Thdw/4)*3)
                  begin pat_r <= 0; pat_g <= 0;  pat_b <= 4'd15; end
              else if (pat_hcnt >= (Thdw/4)*3 && pat_hcnt < (Thdw/4)*4)
                  begin pat_r <= 4'd15; pat_g <= 4'd15; pat_b <= 4'd15; end
              else begin pat_r <= 0; pat_g <= 0; pat_b <= 0;  end
            end
          // Row Color Bar Pattern
          3'd6 : begin
              if (pat_vcnt < (Tvdw/4)*1) begin
                    pat_r <= 4'd15;  pat_g <= 0;     pat_b <= 0; end
              else if (pat_vcnt >= (Tvdw/4)*1 && pat_vcnt < (Tvdw/4)*2)
                  begin pat_r <= 0; pat_g <= 4'd15; pat_b <= 0; end
              else if (pat_vcnt >= (Tvdw/4)*2 && pat_vcnt < (Tvdw/4)*3)
                  begin pat_r <= 0; pat_g <= 0; pat_b <= 4'd15; end
              else if (pat_vcnt >= (Tvdw/4)*3 && pat_vcnt < (Tvdw/4)*4)
                  begin pat_r <= 4'd15; pat_g <= 4'd15; pat_b <= 4'd15; end
              else begin  pat_r <= 0; pat_g <= 0; pat_b <= 0; end
            end
          default : begin
              pat_r <= 4'd15; pat_g <= 4'd15; pat_b <= 0; end

          endcase
      end
      else begin
          pat_r <= 0;    pat_g <= 0;     pat_b <= 0;
      end
```

```
    end
  end

  /******************************************************
  ** Signal Interconnect
  ******************************************************/
  assign vga_vs  = pat_vs;
  assign vga_hs  = pat_hs;
  assign vga_r   = (pat_de == 1) ? pat_r : 0;
  assign vga_g   = (pat_de == 1) ? pat_g : 0;
  assign vga_b   = (pat_de == 1) ? pat_b : 0;

  endmodule
```

그림 17.12 VGA 제어기 Verilog 코드

코드에 대해 살펴보도록 하자. 설계 사양은 XGA이지만 더 널리 알려진 이름인 VGA를 모듈의 이름으로 사용하였다.

코드 초반부에는 parameter 명령어를 사용해 코드 전체에서 사용되는 주요 파라미터 값들을 정의하고 있다. 이것들은 Sync 신호의 시간 사양에 관한 것으로 그림 17.2와 65 MhZ 1024×768 XGA에 대한 자료를 참고하면 이해할 수 있다.

다음으로 VGA 제어기의 입출력 신호들을 선언하고 있다. 표 17.2에 입출력 신호 이름과 기능들을 정리하였다.

표 17.2 VGA 제어기의 입출력 신호

신호 이름	입출력	기 능
clk	입	시스템 클록 100 Mhz
rstb	입	시스템 리셋 신호. Active Low
pattern_en	입	영상 출력 enable. Active High
pattern_sel[2:0]	입	영상 출력의 패턴 종류 선택
vga_vs	출	영상 출력의 Vertical Sync
vgs_hs	출	영상 출력의 Horizontal Sync
vga_r[3:0]	출	영상 출력의 R 성분의 4비트 디지털 값
vga_g[3:0]	출	영상 출력의 G 성분의 4비트 디지털 값
vga_b[3:0]	출	영상 출력의 B 성분의 4비트 디지털 값

다음으로 localparam 명령어를 사용하여 parameter로 주어진 값들로부터 계산되는 몇 가지 파라미터들의 값을 정의하고 있다. 이후 코드 내에서 사용되는 reg들과 wire들을 정의하고 있다.

이어서 이전에 IP Catalog를 사용하여 생성한 65 MHz 클록 생성 IP를 불러와 clock_gen_65라는 이름으로 instance로 만들고 있는 것을 볼 수 있다.

그 다음으로 이어지는 것은 H(V)Sync의 사양에 따라 실제 Sync 신호를 만들어 주기 위한 블록들이 이어지고 있다.

특이한 점은 hcnt와 pat_hcnt의 차이점인데 hcn는 리셋 후 65 MHz로 카운트되는 값을 의미하며, pat_hcnt는 실제로 display되는 구간 내에서의 카운트 값이다. vcnt와 pat_vcnt의 관계도 마찬가지이다.

이후 pattern_sel[2:0]의 값에 따라, 출력되는 영상의 종류를 달리하기 위한 블록이 나온다. 표 17.3에 이를 정리하여 보았다.

표 17.3 Pattern_sel[2:0]과 출력 영상

pattern_sel [2:0]	출력 영상
0	전부 빨간색
1	전부 초록색
2	전부 파란색
3	전부 하얀색
4	전부 검정색
5	화면을 세로로 4등분하여 왼쪽부터 빨강, 초록, 파랑, 흰색
6	화면을 가로로 4등분하여 위로부터 빨강, 초록, 파랑, 흰색
7 (그 외)	전부 노란색

코드를 완성한 후 시뮬레이션을 해야 한다. 여기에서는 시뮬레이션에 대한 설명은 생략하고 각자가 해 보는 것으로 한다.

시뮬레이션을 한 후에는 이제 트레이닝 키트를 활용하여 동작 검증을 한다. 이때 입출력 신호에 대한 핀 할당은 다음 표 17.4와 같이 하여 준다.

그와 같은 정보를 가지고 Constraints 파일인 XDC 파일을 편집하고, 그것이 반영되도록 Synthesis 와 Implementation을 실행시킨다. 그 후 Bitstream 파일(.bit 파일)을 생성한 후, FSK III 키트를 컴퓨터와 연결시킨다.

Open Hardware Manager를 실행시켜 Xilinx FPGA (xc7a75tfgg484)를 프로그램(configure)한다.

표 17.4 VGA 제어기의 핀 할당

입력			출력		
신호 이름	키트 이름	핀 번호	신호 이름	키트 이름	핀 번호
clk	CLK_100M	R4	vga_hs	VGA_HS	D17
rstb	SYS_RSTB	U7	vga_vs	VGA_VS	C17
pattern_en	DIP_SW[12]	AA13	vga_r[3]	VGA_R[3]	D19
pattern_sel[2]	DIP_SW[13]	AB13	vga_r[2]	VGA_R[2]	E19
pattern_sel[1]	DIP_SW[14]	AA15	vga_r[1]	VGA_R[1]	C19
pattern_sel[0]	DIP_SW[15]	AB15	vga_r[0]	VGA_R[0]	C18
			vga_g[3]	VGA_G[3]	A20
			vga_g[2]	VGA_G[2]	B20
			vga_g[1]	VGA_G[1]	E18
			vga_g[0]	VGA_G[0]	F18
			vga_b[3]	VGA_B[3]	F20
			vga_b[2]	VGA_B[2]	F19
			vga_b[1]	VGA_B[1]	A19
			vga_b[0]	VGA_R[0]	A18

Configuration이 완료되고 난 후, 1024x768 65Mhz XGA를 지원하는 모니터와 VGA 케이블로 FSK III의 VGA 포트와 연결시킨다.

그런 다음 키트상의 SW13(pattern_en)을 조작하여 본다. 그 값이 0이면 아무것도 안 나오므로, 1로 한 후 SW14,SW15,SW16(pattern_sel[2:0])를 조작하여 여러 가지 영상을 나오는 것을 확인한다.

그림 17.13에 그 값을 5로 만들었을 때의 화면 모습을 보이고 있다.

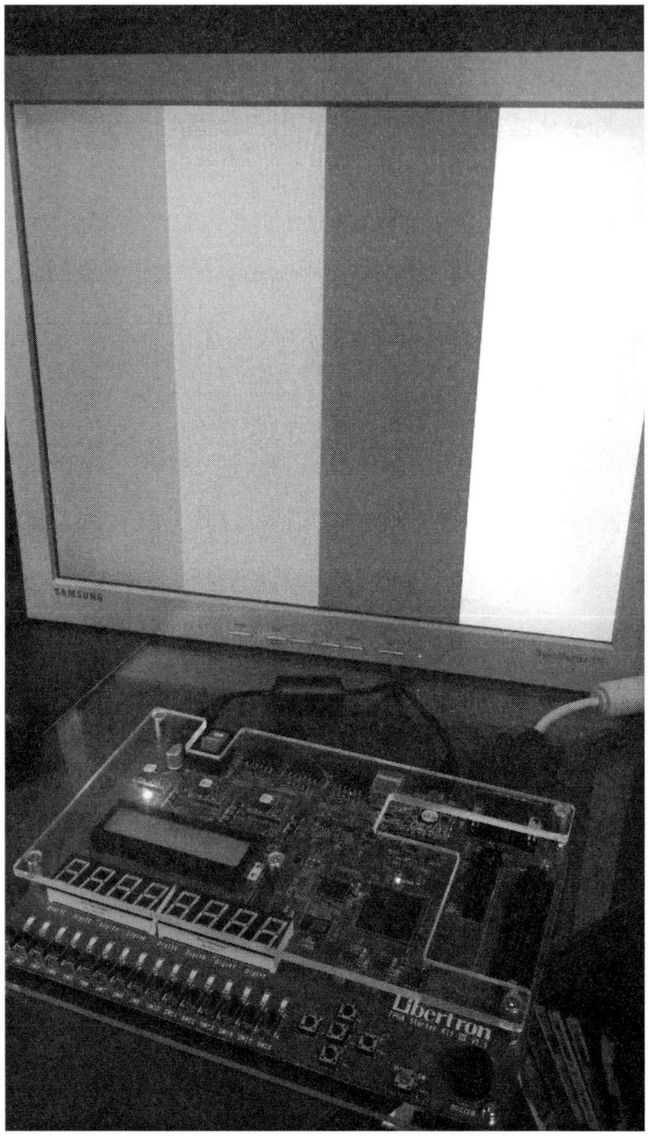

그림 17.13 VGA 영상 출력 화면

이제 코드를 다 이해했으면 코드를 수정하여 다양한 패턴과 색상을 표현해 보도록 하자. Verilog 언어의 특성상 C언어처럼 유연한 코딩이 되지 못한다. 따라서 원본을 복사한 후 수정하는 방식으로 여러 버전을 만들어 실습하는 것이 유용하다.

부록 A Vivado 18.1 설치하기

Vivado를 설치하기 위해서는, 크게 1) Xilinx사 회원 가입하기 2) 프로그램 설치하기의 2단계로 이루어진다.

다음에 그 단계를 차례대로 설명한다.

1단계) 회원가입

1. www.xilinx.com 접속한다.

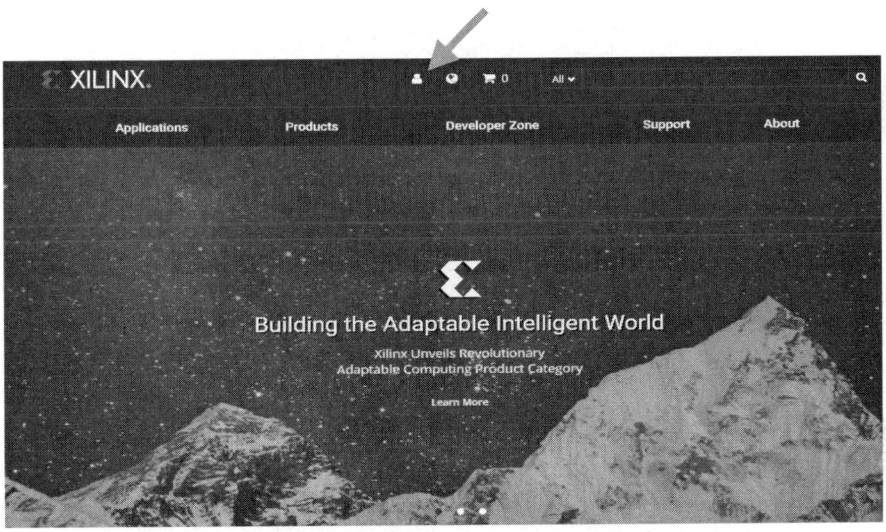

상기 이미지의 사람 모양의 아이콘을 누르면 나오는 팝업 메뉴 중 Create an account를 선택한다.

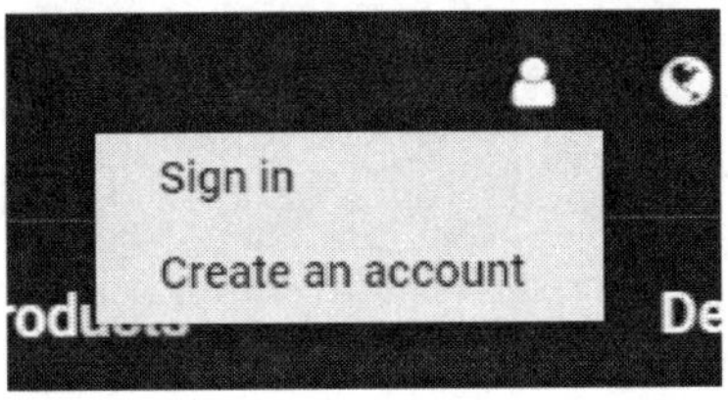

2. 아래와 같은 화면이 나오면, 빈칸을 적절하게 적어 넣은 후, Create Account 버튼을 누른다.

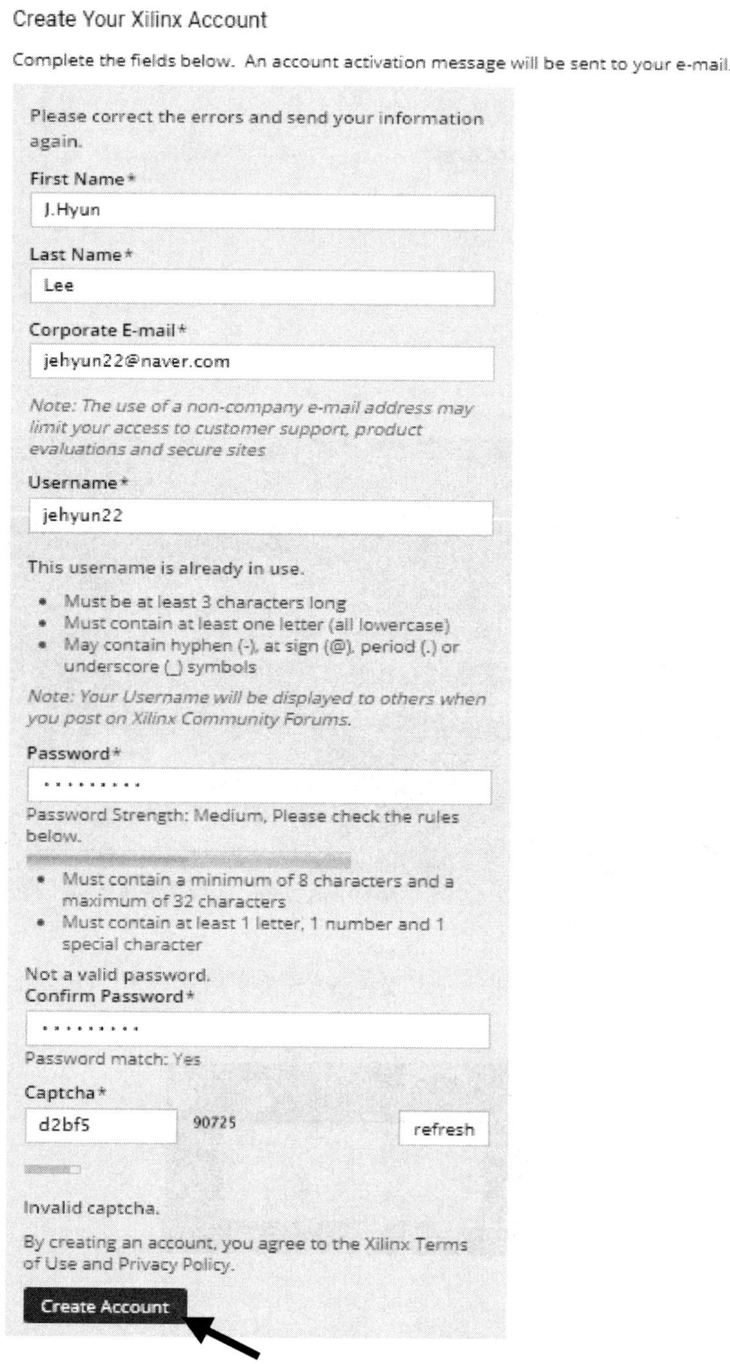

3. 그러면 다음과 같은 화면이 나오는데, 그것은 좀 전에 적어 넣은 본인의 이메일로 본인의 Xilinx 계정을 활성화시킬 수 있는 메일을 보냈으니, 그 메일에서 하라는 대로 따르라는 뜻이다.

4. 본인의 이메일 서버로 접속하면 다음과 같이 Xilinx사로부터 메일이 전송되었음을 볼 수 있다.

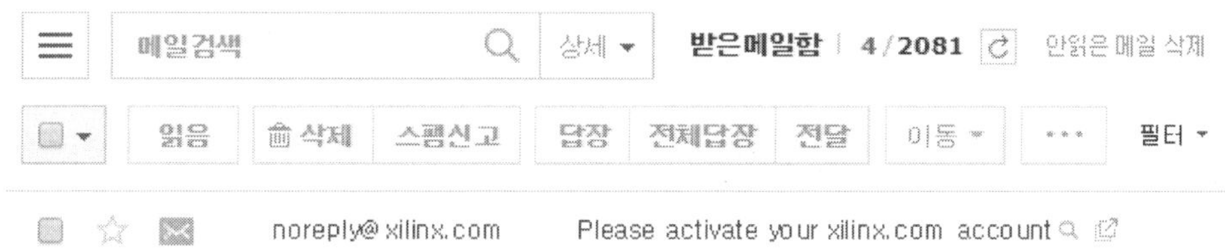

5. 메일을 열어보면 영어로 된 내용이 나오는데, 내용 중에 첫 번째로 나오는 링크를 눌러주기만 하면 된다. 그러면 Xilinx 홈피로 자동으로 접속된다.

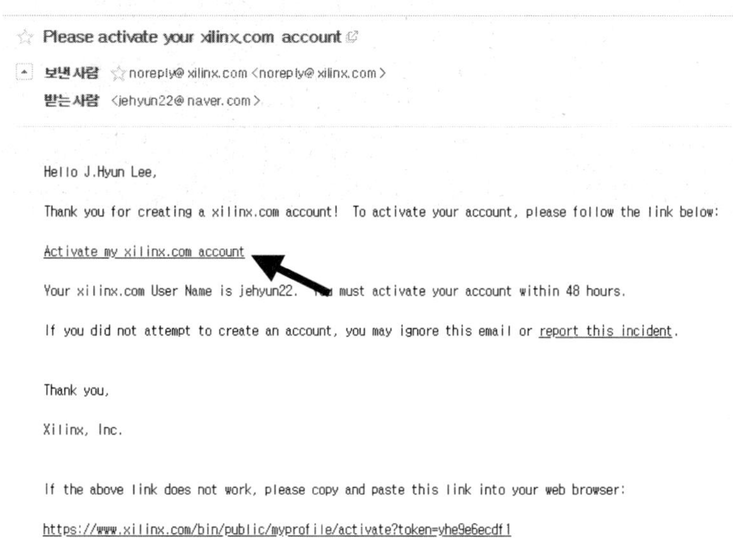

6. 그러면 아래와 같이 Xilinx사에 접속하라는 창이 뜬다. 여기서 본인의 ID와 Passwd를 적은 후 Sign In 버튼을 눌러 login한다.

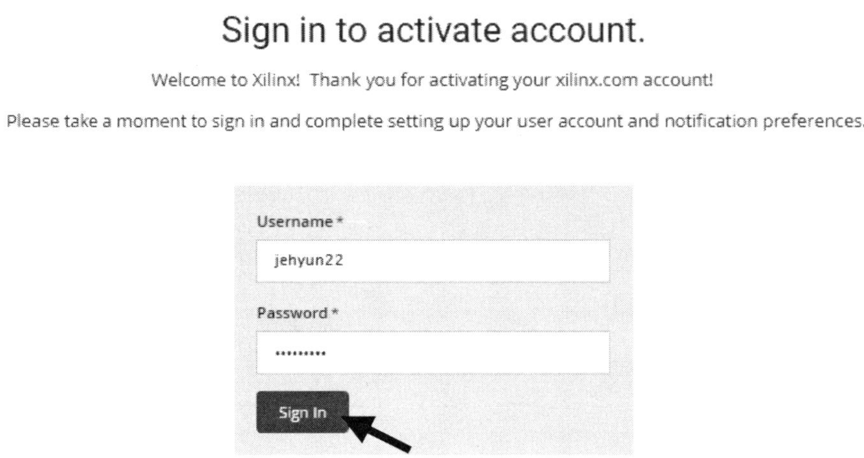

7. 아래와 같은 화면으로 바뀐다. 그러면 일단 회원 가입은 성공한 것이다.

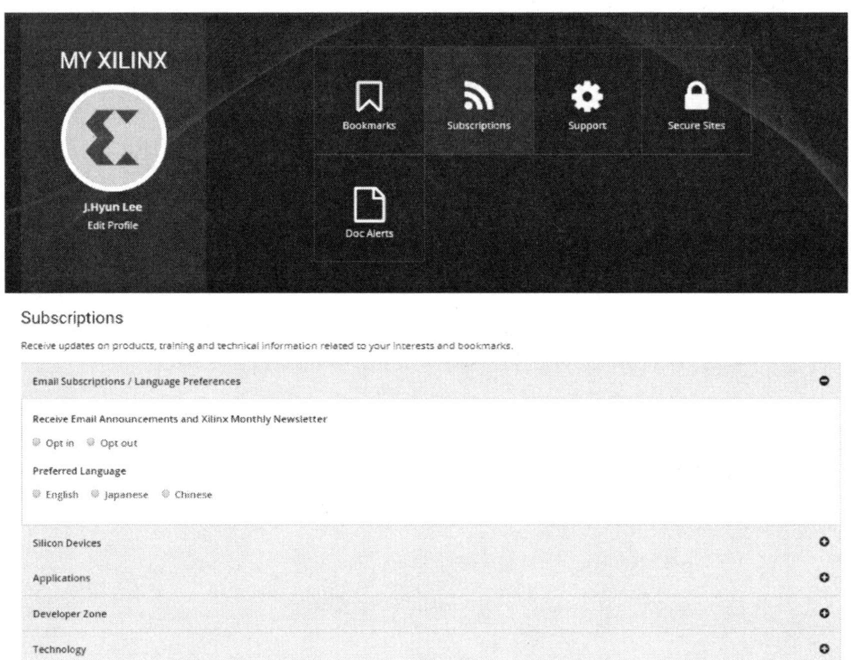

2단계) 프로그램 설치

8. 맨 윗줄 메뉴 중에서 Support를 클릭한다.

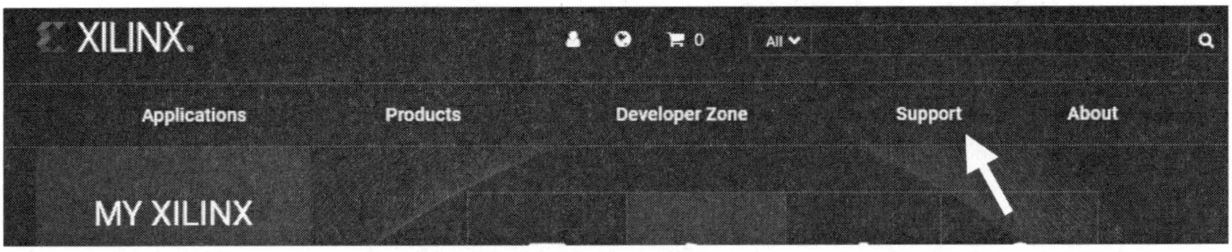

그러면 아래와 같이 바뀐 화면 아래쪽에 있는 Downloads & Licensing 메뉴를 선택한다.

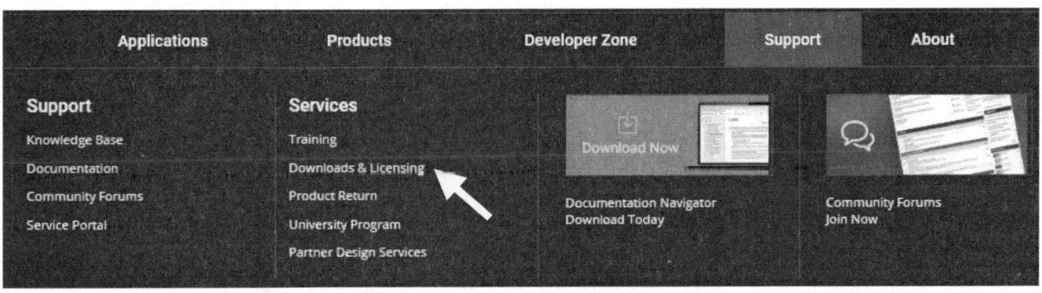

나오는 화면에서 아래와 같이 Version 2018.1을 선택해 준다.

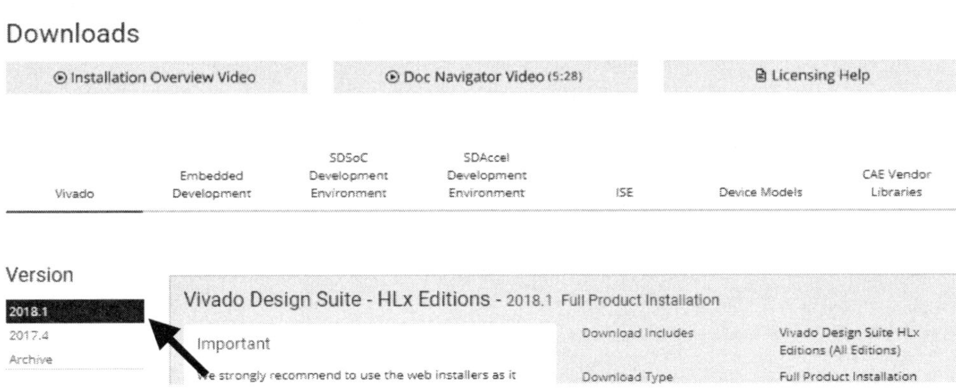

바뀐 화면에서 아래와 같이 Vivado HLx 2018.1: WebPACK and Editions - Windows Self Extracting Web Installer를 선택한다.

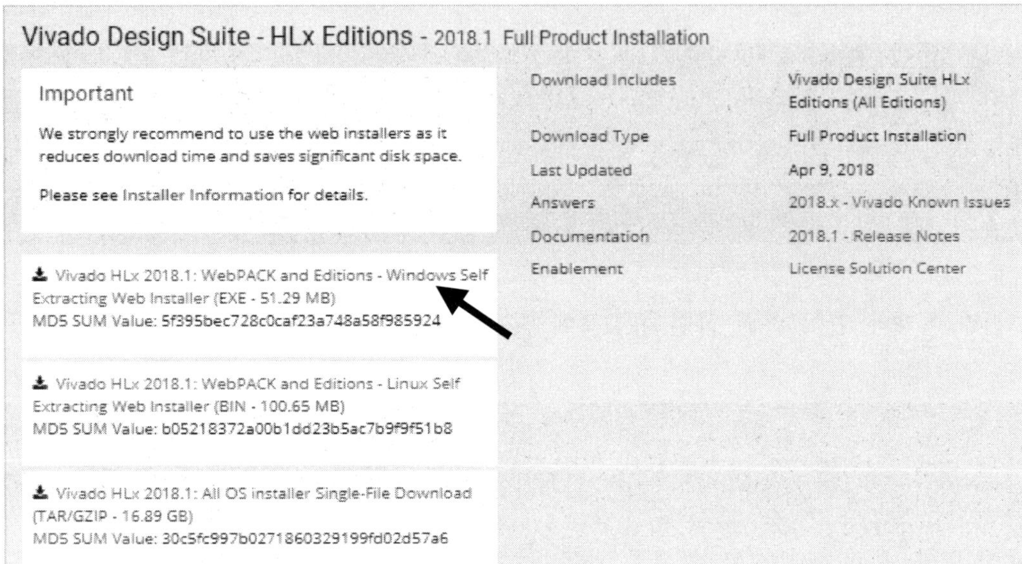

9. 그러면 Download Center 라는 곳으로 이동되며, 거기서 본인에 대한 개인적인 정보를 묻는 화면이 나타난다.

*표가 붙어있는 것은 필수 항목이니, 다음의 정보를 참고하여 본인에 대한 정보를 모두 입력한 후 Next 버튼을 누른다.

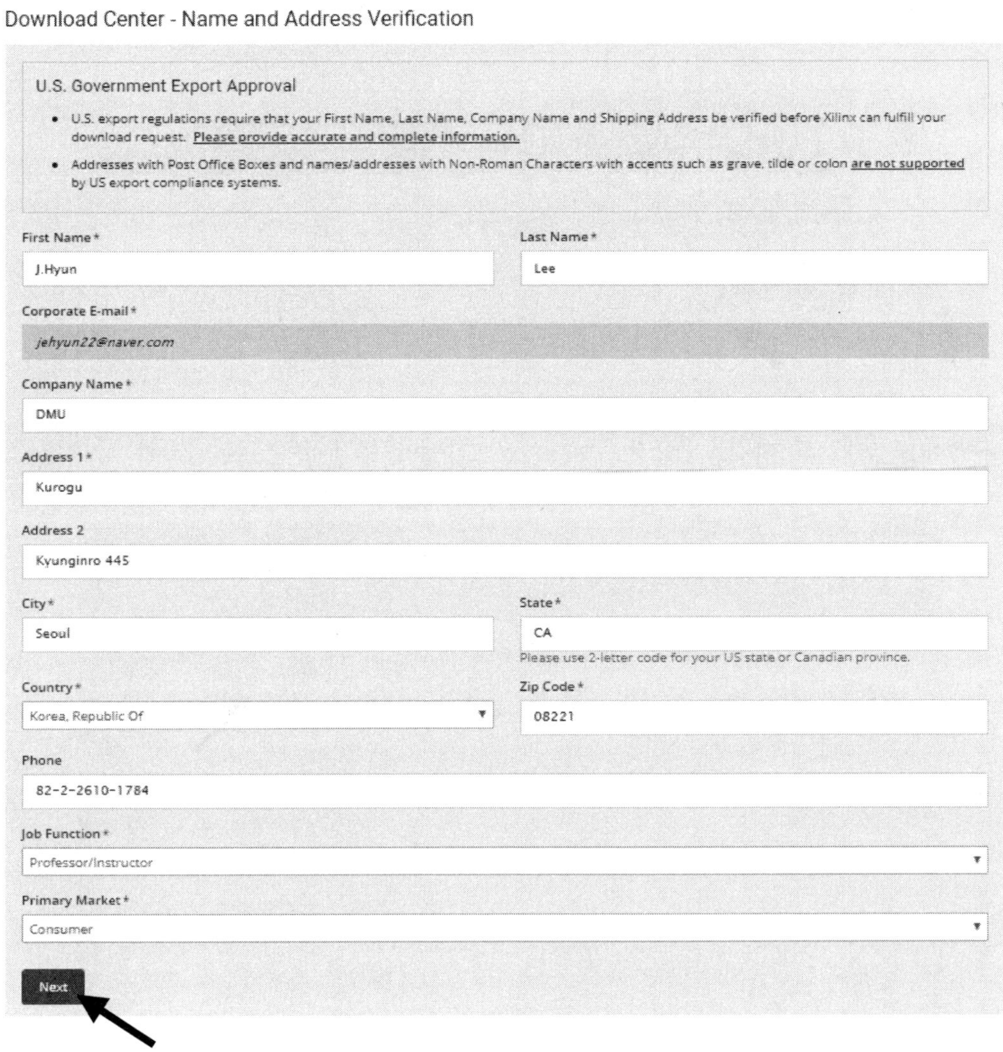

10. 그러면 Xilinx_Vivado_SDK_2018.1_0405_1_Win64.exe 파일을 실행하거나 저장할 수 있도록 하는 화면이 뜬다. 아무 위치에 저장한 후 저장이 완료되면 그 파일을 실행시킨다.

관리자 권한으로 실행시키고, 경고가 나오더라도 실행시킨다. 나오는 화면에서 웬만하면 Next 버튼을 눌러 계속 진행한다.

중간에 아래와 같은 화면이 나올 때는 사용자 ID와 Password를 써 넣어주고 Next를 선택하여 계속 진행한다.

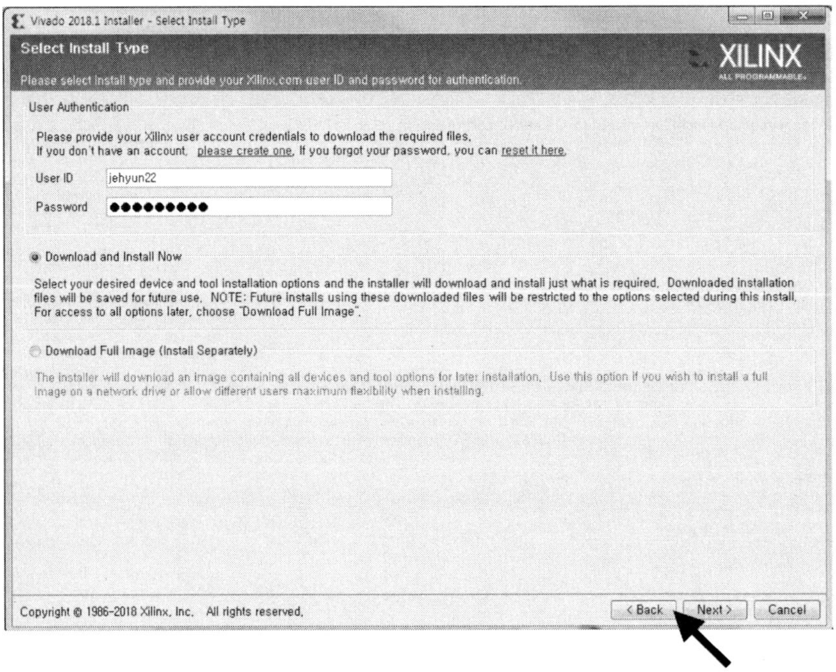

11. License에 대한 아래 화면에서는 모두 동의하고 계속 진행한다.

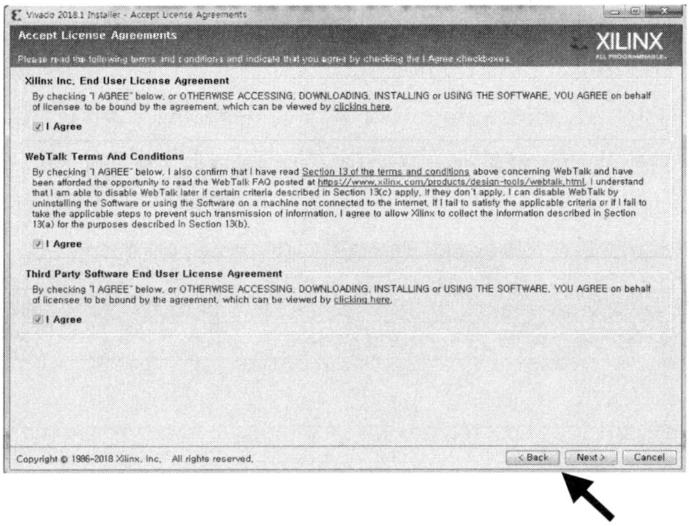

12. 설치할 제품을 묻는 아래 화면에서는 Webpack 버전을 선택하고 계속 진행한다.

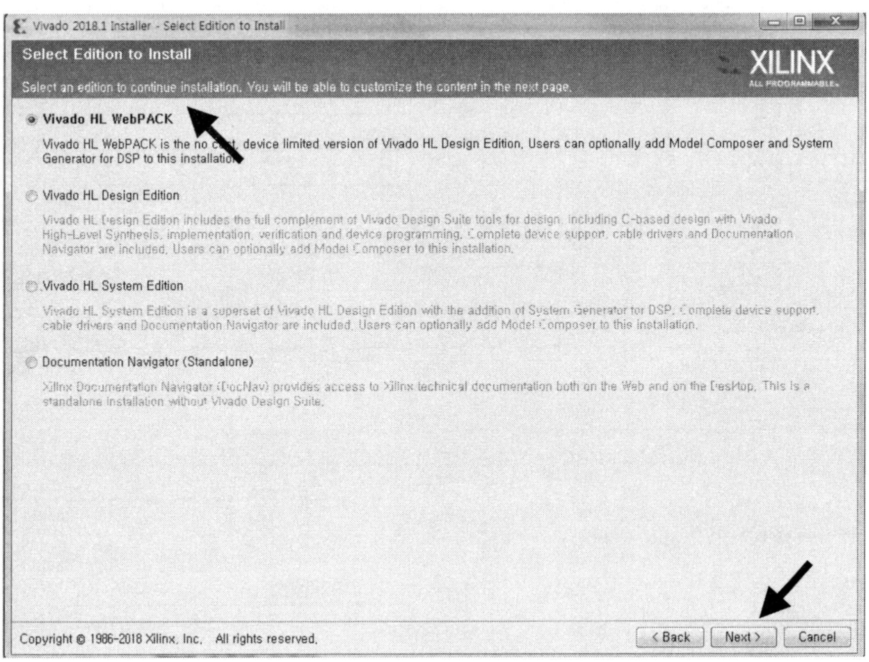

13. 이어 나오는 화면은 설치하는 범위를 선택하여 주는 화면인데, 기본적으로 제공되는 값으로 설치해도 되지만, 사실 사용하지 않는 소프트웨어나 디바이스 타입은 컴퓨터의 저장 공간만 차지할 뿐이므로, 다음 쪽의 화면을 참고하여 우리가 공부하는 범위 밖의 것들은 체크를 풀어 저장 공간 낭비를 피할 수 있다.

우리에게 필요한 것은 Vivado Design Tool 과 7 Series Device 이다. 이후로는 쭉 진행하여 설치를 완료한다. 기본적으로 설치되는 폴더는 C:₩Xilinx로, 자동적으로 생성한다.

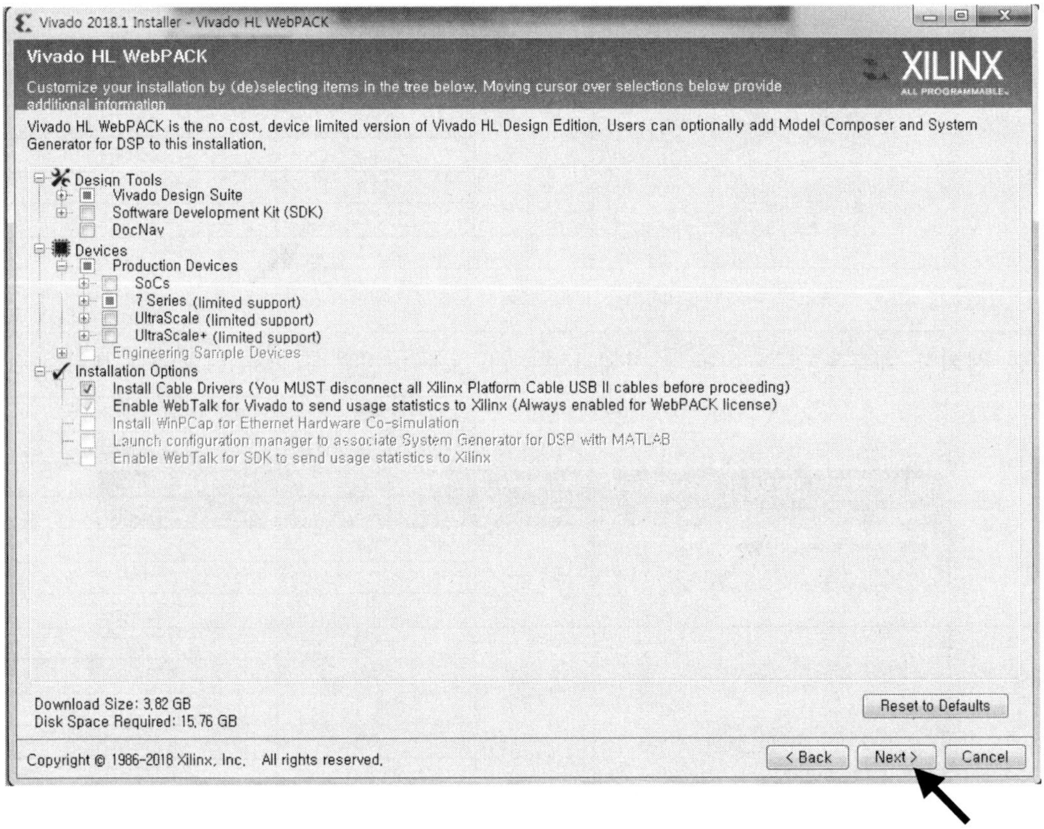

부록 B FSK III 주요 핀 정보

\# Global Clock

Signal Name	FPGA Pin	I/O	Description
FPGA_CLK	R4	Input	FPGA Clock Input (100Mhz)

\# Reset Switch

Signal Name	FPGA Pin	I/O	Description
FPGA_RSTB	U7	Input	FPGA Logic Reset Pin (Active 'L')

\# DIP Switch

Signal Name	FPGA Pin	I/O	Description
DIP_SW<0>	J4	Input	User DIP Switch [15..0] (Active 'H') DIP_SW<0>~DIP_SW<7> (SW1 ~ SW8) : VCCO 1.5V DIP_SW<8>~DIP_SW<15> (SW9 ~ SW16) : VCCO 3.3V
DIP_SW<1>	L3		
DIP_SW<2>	K3		
DIP_SW<3>	M2		
DIP_SW<4>	K6		
DIP_SW<5>	J6		
DIP_SW<6>	L5		
DIP_SW<7>	L4		
DIP_SW<8>	Y16		
DIP_SW<9>	AA16		
DIP_SW<10>	AB16		
DIP_SW<11>	AB17		
DIP_SW<12>	AA13		
DIP_SW<13>	AB13		
DIP_SW<14>	AA15		
DIP_SW<15>	AB15		

\# PUSH Switch

Signal Name	FPGA Pin	I/O	Description
PUSH_SW_UP	E21	Input	User Push Switch [4..0] (Active 'H')
PUSH_SW_LEFT	D21		
PUSH_SW_MID	G21		
PUSH_SW_RIGHT	G22		
PUSH_SW_DOWN	F21		

Discrete LED

Signal Name	FPGA Pin	I/O	Description
LED<0>	F15	Output	User LED [15..0] (Active 'H')
LED<1>	F13		
LED<2>	F14		
LED<3>	F16		
LED<4>	E17		
LED<5>	C14		
LED<6>	C15		
LED<7>	E13		
LED<8>	AA10		
LED<9>	AA11		
LED<10>	V10		
LED<11>	W10		
LED<12>	Y11		
LED<13>	Y12		
LED<14>	W11		
LED<15>	W12		

7-Segment

Signal Name	FPGA Pin	I/O	Description
SEG_A	D20	Output	Segment [7..0] (Active 'H')
SEG_B	C20		
SEG_C	C22		
SEG_D	B22		
SEG_E	B21		
SEG_F	A21		
SEG_G	E22		
SEG_DP	D22		
DIGIT1	E14	Output	Digit [7..0] (Active 'H')
DIGIT2	E16		
DIGIT3	D16		
DIGIT4	D14		
DIGIT5	AB11		
DIGIT6	AB12		
DIGIT7	AA9		
DIGIT8	AB10		

〈 저자약력 〉

이제현

- 학력
  - 1983. 2 : 수원 아주대학교 전자공학과 졸업 (학사학위)
  - 1985. 2 : 서울 한국과학기술원 전기 및 전자공학과 졸업 (석사학위)
- 경력
  - 1985. 2 ~ 1990. 7 : 전자통신연구원 자동설계부 연구원
  - 1990. 7 ~ 1993. 3 : SGS-THOMSON KOREA DESIGN CENTER 과장
  - 1993. 4 ~ 1996. 3 : 전자부품연구원 ASIC CENTER 선임연구원
  - 1996. 5 ~ 1999. 8 : 한국과학기술원 반도체설계교육센터 선임연구원
  - 1999. 9 ~ 현재 : 동양미래대학교 반도체전자공학과 교수

저자와의
협의에 의해
인지 생략

Verilog-HDL과 Xilinx Vivado(18.1)
및 FSK III를 활용한

FPGA 설계기초

3판 1쇄 2023년 1월 10일

저자 이제현
발행인 송광헌
발행처 복두출판사
주소 서울특별시 영등포구 경인로82길 3-4
센터플러스 807호 (우) 07371
전화 02-2164-2580
FAX 02-2164-2584
등록 1993. 11. 22. 제 10-902 호

정가 : 14,000원

ISBN : 979-11-6675-223-0 93560

한국과학기술출판협회 회원사

* 본 도서의 자료 업데이트가 있을 경우 본사 홈페이지 자료실에 업로드 됩니다. 정기적으로 들러서 유익한 자료를 받아가시기 바랍니다.